地球化学实习指导书

DIQIU HUAXUE SHIXI ZHIDAOSHU

陆丽娜　主　编

李　静　副主编

电子工业出版社·
Publishing House of Electronics Industry
北京·BEIJING

内 容 简 介

本书是一本面向地质学、资源勘查工程、地球化学及相关专业本科生的实践教学教材。本书结合教学大纲与实验室条件，系统设计了包括实验室规范、课内与课外实习项目的实践内容，涵盖增田—科里尔图解、微量元素蛛网图、放射性同位素等时线图、氢氧同位素数据分析等核心技能训练，旨在通过数据标准化、图解绘制与地球化学意义解析，帮助学生巩固理论知识并提升解决实际地质问题的综合能力；同时包括了氡、汞含量测量及水化学分析等内容，供学有余力的学生选做。本书还提供了丰富的实验数据表格、参考文献及附录资源，兼顾专业性和实用性。

本书不仅适用于高校师生开展地球化学实践教学，也可为地球化学爱好者提供参考，是理论与实践紧密结合的教学材料。

图书在版编目（CIP）数据

地球化学实习指导书 / 陆丽娜主编. -- 北京 ： 电子工业出版社，2025. 6. -- ISBN 978-7-121-50405-1

Ⅰ．P59-45

中国国家版本馆 CIP 数据核字第 2025RE1465 号

责任编辑：李　敏

印　　刷：北京七彩京通数码快印有限公司

装　　订：北京七彩京通数码快印有限公司

出版发行：电子工业出版社

　　　　　北京市海淀区万寿路 173 信箱　邮编：100036

开　　本：787×1092　1/16　印张：8　字数：146 千字

版　　次：2025 年 6 月第 1 版

印　　次：2025 年 6 月第 1 次印刷

定　　价：49.00 元

凡所购买电子工业出版社图书有缺损问题，请向购买书店调换。若书店售缺，请与本社发行部联系，联系及邮购电话：（010）88254888，88258888。

质量投诉请发邮件至 zlts@phei.com.cn，盗版侵权举报请发邮件至 dbqq@phei.com.cn。

本书咨询联系方式：（010）88254753 或 limin@phei.com.cn。

推荐序

PREFACE

由陆丽娜和李静两位老师编写的《地球化学实习指导书》是一本理论与实践紧密结合的优秀教材。本书系统设计了丰富的地球化学实习项目，涵盖了稀土元素配分型式图、微量元素蛛网图、放射性同位素等时线图、氢氧同位素数据分析等地球化学课程核心技能训练，旨在帮助学生巩固理论知识并提升解决实际地质问题的综合能力。

本书的亮点在于其内容的系统性和实用性。作者结合教学大纲与实验室条件，精心设计了课内与课外实习项目，并提供了大量实验数据表格、参考文献及附录资源，既适合高校师生开展地球化学实践教学，也可为地球化学爱好者提供参考。此外，本书中还包含氡、汞含量测量及水化学分析等选做内容，为学有余力的学生提供了更多探索空间。

作为一本实践教学教材，本书不仅注重理论知识的传授，更强调动手能力的培养。通过数据标准化、图解绘制与地球化学意义解析，学生能够深入理解地球化学的基本原理，并掌握实际应用技能。书中每一章节均配有详细的实习步骤、报告模板和习题，便于学生自主学习与教师教学参考。

本书两位编者在地球化学教学和研究领域具有丰富的教学经验和深厚的学术造诣，她们合作编写的指导教材兼具专业性和实用性，是一本不可多得的教学参考书。

我诚挚推荐《地球化学实习指导书》作为地质学、资源勘查工程、地球化学及相关专业的实践教材。相信本书的出版将为地球化学教学与实践提供有力支持，助力培养更多优秀的地球科学人才。

袁四化

防灾科技学院教授、河北省教学名师

前言 FOREWORD

    地球化学是地质学与化学、物理学等基础学科的交叉学科，是研究地球乃至宇宙中化学元素分布、存在形式、共生组合、集中分散及迁移循环规律的科学。地球化学的发展及其分支学科的衍生是地球化学不断引入有关基础科学的理论和方法，不断相互渗透的结果。分析测试和实验技术是地球化学与其他学科联系的桥梁，是地球化学研究获得第一手资料的主要手段。本书根据地质学、资源勘查工程、地球化学、地球信息科学与技术等专业本科生地球化学实习教学的要求，兼顾地球物理学、地下水科学与工程、勘查技术与工程、地理科学等专业教学要求编写而成，适用于地球化学、勘查地球化学等地球化学入门课程的实践教学。其中，实习种类和相应的内容主要依据"地球化学"教学大纲及地球科学学院实验室现有的仪器设备而设定，随着以后实验设备及实验条件的完善，本书也会不断改进、补充及完善。学习本书，既可以使学生巩固课堂理论知识，加深对基础地球化学理论的理解，又可以培养学生综合运用地球化学理论分析和解决地质问题的能力。

    本书可作为地质及相关专业的师生开展基础地球化学实践教学的教材，也可作为广大地质学和地球化学爱好者的参考用书。

编者

2025 年 5 月

CONTENTS 目录

第一章　实验室规章制度

一、实验程序与要求

（一）预习

充分预习实验教材是做好实验的重要环节。在预习时应当搞清楚实验的目的、内容、原理、操作方法及注意事项等，并初步估计每个反应的预期结果，根据不同的实验及指导教师的要求做好预习报告。对于每个实验后面的"思考题"，预习时应认真思考。

（二）提问和检查

实验开始前由指导教师进行集体或个别提问和检查。一方面可以了解学生的预习情况，另一方面可以具体指导学生的学习方法。提问的内容主要是实验的目的、内容、原理、操作方法和注意事项等。若发现个别学生准备不充分，教师可以令其停止本次实验，并在指定日期另行补做。

（三）实验操作

学生应遵守实验室规则，接受教师指导，按照实验教材上规定的方法、步骤及药品用量进行实验，并细心观察现象，如实记录于实验报告中。同时，学生应深入思考，分析产生现象的原因。如有疑问，可相互讨论或询问教师。

（四）编写实验报告

实验完毕，应当堂或在指定时间内写好实验报告，总结实验收获。实验报告力求书写整洁、内容简练确切、结论明确。实验报告一般包括：

（1）实验题目、目的。

（2）内容和简单的操作过程（可用简图、符号表示，但要清楚明确）。

（3）现象和结果（包括数据记录和整理）。

（4）讨论和结论（包括反应方程式和误差原因分析）。

实验报告不合格者，教师可退回，要求学生重写。教师在接收实验报告时，可以提出实验中的问题，对学生进行再次查问。

二、实验室工作条例

1. 实验前必须做好准备，不得迟到。

2. 与实验无直接关系的用品（如书包、衣帽等）勿放在实验桌上，应挂在衣架上。

3. 实验前验收桌上的仪器，如有破损或缺少应告知实验室工作人员。

4. 实验室内应保持肃静，禁止吸烟和吃东西。

5. 必须按照正确的操作方法进行实验，注意安全；不得擅自动用不熟悉的仪器和药品。

6. 必须按规定用量取用药品，没有规定用量的应以尽量少用为原则；用剩药品不要倒回原瓶以免污染瓶内的药品。

7. 指定回收的药品要倒入回收瓶内；未指定回收的废液（或余渣、废纸），要倒入废液缸内，不要倒入水槽，以免腐蚀或堵塞下水道。

8. 仪器如有损坏应立即填写仪器损坏登记本，并在教师签字后补领。

9. 实验完毕，应将仪器洗干净，放回原处；药品排列整齐，桌面、地面打扫干净，并洗手。

10. 实验完毕后必须检查电闸、水龙头等是否关闭。

第二章 课内开出实习项目

实习一　增田—科里尔图解的绘制

一、实习目的

1. 掌握稀土元素及其分组。

2. 理解表征稀土元素组成的基本参数。

3. 掌握增田—科里尔图解，即稀土元素配分曲线图的制作方法。

二、基本原理

1. 增田—科里尔图解，是一种最常用的表示 REE 组成模式的图解，REE 含量标准化参照物质为球粒陨石，用其中的 REE 含量对样品中相应的 REE 含量进行标准化，即将样品中的 REE 含量除以标准化参照物质中各 REE 的含量，得到标准化数据。

2. 以标准化数据的对数为纵坐标，以原子序数为横坐标绘图。

三、实习内容

1. 基于表 2.1 绘制样品标准化数据结果表格 1 份，标准化参照物质球粒陨石中的 REE 含量采用教材（韩吟文等，2003）中表 5.5 的推荐值。

2. 绘制稀土元素配分曲线图 1 幅。

（1）计算样品的 ΣREE、LREE/HREE、δEu 等相关参数；

（2）讨论和分析本次实习的稀土元素的地球化学意义。

Note

四、实习步骤

1. 查阅教材或文献，找出标准化参照物质球粒陨石中 REE 含量的推荐值。

2. 根据球粒陨石中的 REE 含量，对选取的岩石样品数据进行标准化。

3. 将标准化的岩石样品 REE 数据绘制成稀土元素配分曲线图。

4. 根据图解和 REE 表征参数对数据进行描述和解析。

五、实习报告及绘图说明

1. 从表 2.1 中至少选取 5 组数据进行本次绘图、分析及计算，其中，玲珑岩体的岩石样品为弱片麻状黑云母花岗岩，颜色为灰白色。

2. REE 中缺失的元素，如 Pr 等在绘图时不考虑。

3. 可用 Excel 进行计算，利用"插入—折线图"选项绘图。

4. 将计算结果和增田—科里尔图解填入实习报告一。

六、习题

（1）为什么球粒陨石是常用的推荐标准化参照物质？

（2）除了球粒陨石，还有哪些常用标准化参照物质？

表 2.1 胶西北地区玲珑岩体稀土元素分析结果（据陆丽娜，2011）

单位：μg/g

样品号	08G15	08G16	08G17	08G18	08G21	08G22	08G24	08G27	08G33	08G34	08G38	08G39	08G40	08G41	08G49	08G58	08G59
La	36.64	35.88	43.55	39.68	11.15	28.24	49.77	7.11	21.43	14.95	50.35	10.89	20.93	24.66	9.26	53.48	4.92
Ce	60.61	62.28	75.76	65.97	19.79	48.51	85.19	15.85	35.21	24.91	88.72	16.95	33.68	39.91	14.87	84.14	7.82
Pr	6.84	6.97	8.46	7.06	2.47	5.18	9.18	1.55	3.96	2.67	9.48	2.18	3.56	4.37	1.74	8.45	1.03
Nd	21.66	21.73	25.90	22.32	8.85	16.72	28.07	5.48	12.39	9.11	31.98	7.98	11.35	14.17	5.94	27.47	3.83
Sm	2.88	3.06	3.43	2.87	2.08	2.09	3.56	1.08	1.95	1.68	4.39	1.55	1.69	2.07	1.01	3.49	0.96
Eu	0.76	0.67	0.83	0.73	0.57	0.69	0.84	0.57	0.55	0.44	1.08	0.49	0.52	0.50	0.33	0.61	0.25
Gd	2.59	2.58	2.82	2.49	1.75	1.77	2.84	0.83	1.54	1.71	3.32	1.14	1.22	1.54	0.84	2.79	0.81
Tb	0.26	0.27	0.25	0.24	0.24	0.17	0.26	0.11	0.17	0.26	0.31	0.14	0.12	0.16	0.11	0.32	0.11
Dy	1.13	1.13	0.99	0.91	1.16	0.66	1.08	0.56	0.72	1.56	1.13	0.69	0.55	0.60	0.56	1.46	0.66
Ho	0.21	0.20	0.17	0.16	0.19	0.12	0.19	0.10	0.13	0.33	0.18	0.13	0.11	0.10	0.12	0.27	0.14
Er	0.53	0.48	0.44	0.40	0.43	0.31	0.53	0.28	0.35	0.94	0.44	0.34	0.30	0.28	0.35	0.73	0.39
Tm	0.08	0.06	0.06	0.06	0.06	0.04	0.08	0.04	0.05	0.14	0.06	0.05	0.04	0.04	0.06	0.10	0.06
Yb	0.47	0.40	0.40	0.37	0.37	0.30	0.49	0.27	0.34	0.97	0.36	0.35	0.30	0.30	0.51	0.66	0.41
Lu	0.07	0.06	0.06	0.06	0.05	0.05	0.07	0.04	0.05	0.15	0.06	0.05	0.05	0.05	0.09	0.10	0.07

实习报告一

一、实习计算结果

表1　代表性岩体稀土元素标准化计算结果

样品号	标准值	1	2	3	4	5
La						
Ce						
Pr						
Nd						
Sm						
Eu						
Gd						
Tb						
Dy						
Ho						
Er						
Tm						
Yb						
Lu						
ΣREE						
LREE/HREE						
δEu						

二、增田—科里尔图解

三、分析

实习二　微量元素蛛网图的绘制

一、实习目的

Note

1．复习微量元素的基本概念。

2．理解表征微量元素组成的基本参数。

3．掌握微量元素蛛网图的绘制方法。

二、基本原理

1．标准化多元素图解以一组相对于典型地幔矿物不相容的元素为基础，在英文文献中常被称为"蛛网图"。

2．微量元素蛛网图对于描述玄武岩的地球化学特征特别有用，几乎所有的火成岩类和某些沉积岩的地球化学特征都可以用微量元素蛛网图来描述。

3．将原始地幔矿物的数值或者球粒陨石的数值作为参照标准，可以测量岩石样品相对原始地幔矿物的偏离情况。

三、实习内容

1．绘制样品标准化数据结果表格 1 份，标准化参照物质可采用球粒陨石或原始地幔矿物等国际标准化参照物质。

2．绘制微量元素蛛网图 1 幅。

（1）根据基本原理进行微量元素蛛网图的绘制。

（2）讨论和分析本次实习微量元素的地球化学意义，尤其是大离子亲石元素（LILE）和高场强元素（HFSE）。

Note

四、实习步骤

1. 查阅文献，找出原始地幔或球粒陨石的微量元素标准化数值。

2. 根据球粒陨石或原始地幔微量元素含量，对选取的岩石样品数据进行标准化。

3. 将标准化的岩石样品微量元素数据绘制成微量元素蛛网图。

4. 根据图解、大离子亲石元素和高场强元素等对数据进行描述和解析。

五、实习报告及绘图说明

1. 从表 2.2 中至少选取 5 组数据进行本次计算、分析及绘图，其中，郭家岭岩体的岩石样品为花岗闪长岩，颜色为灰白色，含有钾长石斑晶。

2. 微量元素中缺失的元素在绘图时可以不考虑。

3. 可用 Excel 进行计算，利用 "插入—折线图" 选项绘图。

六、习题

（1）微量元素数据标准化处理中，常用标准化参照物质有哪些？

（2）微量元素和稀土元素的标准化图解有哪些异同点？

单位：μg/g

表 2.2　胶西北地区郭家岭岩体微量元素分析结果（据陆丽娜，2011）

样品号	08G06	08G07	08G08	08G09	08G11	08G13	08G25	08G26	08G28	08G29	08G30	08G31	08G32	08G37	08G61
Rb	87.79	85.11	83.65	94.73	98.71	76.97	72.63	86.43	67.50	69.56	55.11	38.30	83.19	74.28	55.83
Ba	3214.26	1416.17	1469.61	1569.45	1379.06	836.88	3460.51	3481.67	3103.78	2930.79	1644.44	580.55	1609.47	1785.13	1283.72
Th	21.03	7.72	8.76	8.86	8.54	9.43	16.81	23.60	22.90	16.81	3.07	3.45	8.58	4.06	6.39
U	2.74	1.01	2.38	2.12	2.23	3.18	1.73	1.91	2.03	1.57	0.84	0.45	0.90	0.71	0.83
Nb	8.04	5.53	5.29	6.65	5.88	6.53	7.95	7.34	8.87	6.50	6.90	3.31	5.19	2.60	4.91
Ta	0.46	0.35	0.33	0.42	0.38	0.39	0.53	0.45	0.55	0.37	0.51	0.17	0.28	0.14	0.29
La	130.96	26.64	31.92	24.14	22.72	26.33	82.59	108.75	109.45	84.24	14.55	15.01	49.41	21.24	34.39
Ce	228.38	47.00	56.85	45.23	40.94	47.22	145.34	183.20	182.80	147.20	26.62	24.61	79.03	34.91	58.70
Pr	27.25	5.74	6.76	5.53	4.98	5.58	17.43	20.92	19.89	16.14	3.11	2.64	8.36	3.83	6.57
Sr	1719.96	1034.79	1135.69	950.23	956.08	895.47	1787.62	1809.26	1650.14	1707.58	1267.46	1082.34	913.07	1058.34	1108.86
Nd	91.78	19.98	23.93	20.51	17.00	20.12	55.30	67.65	63.46	54.28	11.72	8.80	26.67	13.09	23.76
Zr	187.35	127.15	154.01	109.75	131.78	128.21	229.05	192.27	209.86	194.17	99.51	87.31	157.87	125.16	140.29
Hf	5.24	3.69	4.45	3.20	3.81	3.95	5.82	5.34	5.41	4.86	2.86	2.70	4.48	3.53	4.10
Sm	13.71	3.27	3.72	3.56	2.97	3.21	8.29	8.77	9.38	7.35	2.25	1.42	3.92	2.03	3.77
Eu	3.05	0.88	0.95	0.88	0.78	0.95	2.02	2.15	2.05	1.78	0.64	0.45	0.91	0.63	0.95
Gd	10.29	2.85	3.06	2.90	2.60	2.71	6.36	7.05	7.08	5.85	1.92	1.05	2.91	1.53	2.60
Tb	0.92	0.31	0.32	0.33	0.29	0.32	0.61	0.64	0.67	0.54	0.23	0.11	0.27	0.14	0.28
Dy	3.42	1.42	1.43	1.56	1.37	1.49	2.52	2.48	2.73	2.11	1.12	0.51	1.04	0.54	1.14
Y	15.24	7.09	6.86	8.20	7.24	7.60	11.12	11.04	12.40	9.79	5.67	2.86	5.20	2.98	5.30
Ho	0.54	0.26	0.24	0.29	0.25	0.26	0.39	0.41	0.46	0.34	0.20	0.09	0.16	0.09	0.18
Er	1.26	0.62	0.61	0.76	0.66	0.68	0.90	1.00	1.12	0.85	0.50	0.22	0.38	0.21	0.42
Tm	0.17	0.09	0.08	0.11	0.09	0.10	0.12	0.14	0.16	0.12	0.07	0.03	0.05	0.03	0.06
Yb	1.05	0.54	0.52	0.66	0.59	0.64	0.73	0.86	0.95	0.75	0.44	0.19	0.29	0.17	0.34
Lu	0.15	0.08	0.08	0.10	0.09	0.10	0.11	0.13	0.14	0.11	0.07	0.03	0.04	0.03	0.05

实习报告二

一、实习计算结果

表1　代表性岩体微量元素标准化计算结果

样品号	标准值	1	2	3	4	5
Cs						
Rb						
Ba						
Th						
U						
K						
Ta						
Nb						
La						
Ce						
Sr						
Nd						
Hf						
Sm						
Ti						
Td						
Tb						
Y						
Pb						

二、微量元素蛛网图

三、分析

实习三　放射性同位素等时线图的绘制

一、实习目的

1. 学习放射性同位素等时线定年方法。

2. 掌握放射性同位素等时线图的绘制方法。

3. 理解放射性同位素等时线定年的基本原理。

二、基本原理

1. 等时线图解是指测量一套成因相同的样品的母体—子体同位素比值的双变量投影图解。

2. 当样品组构成一条直线时，就把这条直线称为等时线，直线的斜率和样品组的年龄有关。

3. 以 Rb-Sr 衰变体系为例，年龄为 t 的封闭岩石体系的计时方程应为

$$(^{87}Sr/^{86}Sr)_{\Sigma} = (^{87}Sr/^{86}Sr)_0 + (^{87}Rb/^{86}Sr)_{\Sigma}(e^{\lambda t} - 1)$$

4. 计时方程式可以用直线方程 $y = b + mx$ 来替代，其中，截距 b 为 $(^{87}Sr/^{86}Sr)_0$，斜率 m 为 $e^{\lambda t}-1$，那么年龄和直线的截距可以根据一组成因相同的样品的 $(^{87}Rb/^{86}Sr)_{\Sigma}$ 和 $(^{87}Sr/^{86}Sr)_{\Sigma}$ 测量值进行投影作图，进而根据直线的斜率计算年龄：

$$t = 1/\lambda \ln(m + 1)$$

其中，t 是年龄，λ 是衰变常数。

三、实习内容

模拟表 2.3～表 2.6 中的测试数据，绘制放射性同位素等时线图，并计算得到年龄结果：

（1）在下列 5 组数据中，至少选取一种放射性同位素，绘制等时线图。

① 第 1 组 Rb-Sr 等时线（韩以贵等，2007）。

表 2.3 中的数据取自祁雨沟 4 号角砾岩筒的单颗粒黄铁矿。

表 2.3 单颗粒黄铁矿 Rb-Sr 分析结果 （据韩以贵等，2007）

测试号	Rb（μg/g）	Sr（μg/g）	$^{87}Rb/^{86}Sr$	$^{87}Sr/^{86}Sr$
1	0.05	0.10	1.334	0.71295
2	0.28	0.22	3.601	0.71647
3	0.01	20.58	0.001	0.71036
4	0.25	0.11	6.672	0.72668
5	0.21	3.77	0.158	0.70998
6	0.01	0.42	0.048	0.71011
7	0.11	1.07	0.300	0.71096
8	0.10	0.42	0.725	0.71216

② 第 2 组 Sm-Nd 等时线（Cheng et al.，2009）。

表 2.4 中的数据取自大别造山带的熊店榴辉岩。

表 2.4 熊店榴辉岩 Lu-Hf 和 Sm-Nd 同位素数据 （据 Cheng et al.，2009）

样品号	Lu（×10⁻⁶）	Hf（×10⁻⁶）	$^{176}Lu/^{177}Hf$	$^{176}Hf/^{177}Hf$	Sm（×10⁻⁶）	Nd（×10⁻⁶）	$^{147}Sm/^{144}Nd$	$^{143}Nd/^{144}Nd$
bombWR	0.242	2.20	0.0156	0.282435±8	1.21	3.97	0.1836	0.512792±9
savWR	0.193	0.362	0.0756	0.283216±23	1.21	4.00	0.1832	0.512798±6
Grt1	0.917	0.113	1.148	0.288512±17	0.920	0.392	1.419	0.514989±22
Grt2	0.927	0.110	1.201	0.288973±17	0.541	0.222	1.474	0.515083±21
Grt3	0.904	0.131	0.9765	0.287722±23	0.532	0.285	1.130	0.514426±16
Omp1	0.007	0.448	0.0023	0.282892±9	0.250	0.826	0.1832	0.512765±9
Omp2	0.007	0.448	0.0023	0.282773±10	0.272	0.941	0.1749	0.512738±9

③ 第 3 组 Lu-Hf 等时线（Cheng et al.，2009）。

表 2.4 中的数据取自大别造山带的熊店榴辉岩。

④ 第 4 组 Pb-Pb 等时线（周汉文等，1998）。

表 2.5 中的数据取自大别杂岩，采用单矿物阶段酸淋滤 Pb 同位素定年技术。

表 2.5 石榴子石阶段酸淋滤 Pb 同位素定年结果（据周汉文等, 1998）

样品号	$^{206}Pb/^{204}Pb$	$^{207}Pb/^{204}Pb$	$^{208}Pb/^{204}Pb$
1	18.195	15.247	41.088
2	26.542	16.270	70.006
3	27.084	16.442	73.237
4	38.408	17.738	103.630
5	17.409	15.165	35.626

⑤ 第 5 组 Re-Os 等时线（赵冰爽等，2018）。

表 2.6 中的数据取自新疆梅岭铜矿床浸染状黄铁矿。

表 2.6　新疆梅岭铜矿床浸染状黄铁矿 Re-Os 同位素分析数据（据赵冰爽等, 2018）

样品号	Re（×10^{-12}）	Os（×10^{-12}）	^{187}Re/^{188}Os	^{187}Os/^{188}Os
16HS0104	2424	15.28	5815.45	50.7711
16HS0107	2174	13.67	6244.42	54.9225
16HS0108	2718	26.53	1033.95	8.519
16HS0113	3827	23.32	5314.68	43.9972
16HS0115	2885	18.43	4043.74	33.558

（2）根据等时线定年方法，计算年龄结果，并分析该方法的适用性。

四、实习步骤

1. 选择表 2.3～表 2.6 中一种放射性同位素等时线定年方法的数据，绘制等时线图。

2. 根据等时线定年的基本原理，计算年龄结果。

3. 结合等时线定年方法的特点，分析文献中此方法的适用性。

五、实习报告及绘图说明

1. 至少选取 3 组数据进行本次绘图、计算及分析。

2. ^{87}Rb 的衰变常数取 $1.42×10^{-11}a^{-1}$，^{147}Sm 的衰变常数取 $6.54×10^{-12}a^{-1}$，^{176}Lu 的衰变常数取 $1.867×10^{-11}a^{-1}$，^{187}Re 的衰变常数取 $1.666×10^{-11}a^{-1}$，Pb 同位素的等时线方程用迭代法进行求解。

3. 可用 Excel 进行计算，利用"插入—散点图"选项绘图，可以单击图件选择"添加趋势线"。

六、习题

（1）单衰变定律是如何推导的？

（2）Rb-Sr 等时线定年的计时方程和等时线方程是什么？

（3）U-Th-Pb 定年通常采用的是什么定年方法？

实习报告三

一、实习计算结果

表 1 _____同位素分析数据

样品号/测试号						
1						
2						
3						
4						
5						
6						
7						

二、_____等时线图

三、分析

✎ 实习四　成矿流体中的氢氧同位素数据分析

一、实习目的

1. 学习氢氧稳定同位素的基本知识。

2. 掌握成矿流体中氢氧同位素的数据处理方法。

3. 理解氢氧同位素地球化学的基本原理。

二、基本原理

1. 氢、氧同位素研究的结合，是探讨涉及流体的地质过程非常有力的工具。在制作 δD 对 $\delta^{18}O$ 双变量投影图解时可以发现，不同的地质环境具有非常不同的同位素特征（见图 2.1）。

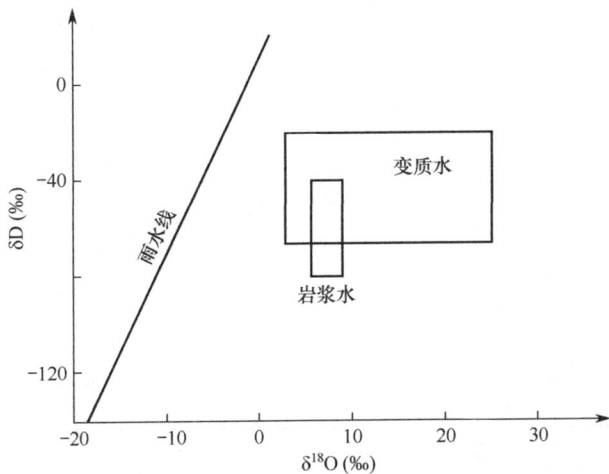

图 2.1　不同种类水的 δD 对 $\delta^{18}O$ 双变量投影底图（据 Hugh，2000）

2. δD 对 $\delta^{18}O$ 双变量投影图解以 $\delta^{18}O$ 为横坐标、以 δD 为纵坐标。

三、实习内容

模拟表 2.7 中某成矿带的成矿流体测试数据,绘制 δD 对 δ^{18}O 双变量投影图解,并思考成矿流体的来源。

(1)在表 2.7 的数据中,至少选取 5 组放射性同位素数据,绘制协变图。

(2)分析成矿流体的物质来源。

表 2.7 某成矿带主要金矿床氢氧同位素组成

序号	矿床	矿物	产状	$\delta^{18}O_{石英}$ (×10^{-3})	平衡温度 (℃)	$\delta^{18}O_{H_2O}$ (×10^{-3})	δD_{H_2O} (×10^{-3})	来源
1	A	石英	乳白色石英	12.9	330	7.0	−75.5	陆丽娜等,2011
2	A	石英	黄铁矿石英脉	12.8	260	4.3	−81.7	
3	A	石英	黄铁矿石英脉	13.5		5.4	−91.0	
4	A	石英	黄铁矿石英脉	14.7		6.6	−81.0	
5	A	石英	黄铁矿石英脉	13.9		5.7	−89.0	
6	B	石英	黄铁矿石英脉			5.8	−60.1	
7	B	石英	黄铁矿石英脉			6.7	−60.1	
8	C	石英	含矿石英脉	10.0		3.9	−75.4	
9	C	石英	含矿石英脉	13.6		4.6	−88.9	
10	C	石英	含矿石英脉	13.5		5.5	−95.8	
11	C	石英	含矿石英脉	14.0		5.0	−76.6	罗镇宽和苗来成,2002
12	D	石英	白色石英脉	12.6	250	3.2	−76.7	
13	D	石英	灰色石英脉	14.1	250	2.3	−82.0	
14	E	石英	乳白色石英脉	10.2	325	7.8	−63.8	
15	E	石英	含矿石英脉	13.7	275	8.5	−77.2	
16	E	石英	含矿石英脉	13.4	250	7.5	−79.1	
17	E	石英	含矿石英脉	13.2	265	7.7	−66.4	
18	E	石英	含矿石英脉	12.8	280	7.7	−70.4	
19	E	石英	含矿石英脉	13.1	245	7.0	−80.6	

四、实习步骤

1. 选择表 2.7 中的数据，绘制协变图。

2. 将图 2.1 作为投影底图，使用 CorelDRAW 软件对图件进行处理。

3. 根据基本原理，分析文献中此成矿带成矿流体的主要来源。

五、实习报告及绘图说明

1. 至少选取 5 组数据进行本次绘图、计算及分析。

2. 结合氢氧同位素地球化学特征，分析成矿流体的来源。

六、习题

（1）氢氧同位素在地质学中有哪些应用？

（2）氢氧同位素是如何判断地质/成矿流体的？

（3）氢氧同位素是否可以应用到地震地质学或环境地球化学领域？具体是如何应用的？

实习报告四

一、实习计算结果

表1 ＿＿＿＿＿＿氢氧同位素组成

序号						
1						
2						
3						
4						
5						
6						
7						
8						

二、＿＿＿＿＿＿成矿流体的氢氧同位素图

三、分析

第三章　课下开出实习项目

实习五　太阳系和地球系统的化学组成

一、实习目的

1．了解太阳系、地球和地壳的化学组成。

2．分析地壳元素丰度特征和大陆地壳元素丰度的规律。

3．探讨地壳元素丰度的地球化学意义。

二、基本原理

1．认识太阳系和地球系统的化学组成，对研究太阳系及地球的成因和元素起源有重要意义。

2．认识太阳系和地球系统的化学组成，为理解地球形成后的演化、地球各圈层的发展提供了必要的基础。元素亲氧性和亲硫性有很大限定。

3．地球化学元素丰度为元素的迁移和分配规律提供了一定的理论基础，也限定了元素在自然界的矿物种类及种属。

三、实习内容

1．将太阳表层（数据使用陈道公编著的《地球化学（第 2版）》中第 22 页的数据）、太阳光球（第 23 页）、月球（第 37页）、陨石（第 31 页）的化学组成进行对比，分析太阳系元素丰度的变化，并比较其差异。

2．比较地球的原始地幔（第 42 页）、CI 球粒陨石（第 42页）及地球主要元素丰度（第 45 页），分析地球的元素演化，探讨研究元素丰度的地球化学意义。

3．了解地壳的元素丰度（第 50 页）和研究方法，认识元素丰度领域的我国科学家黎彤。

4. 对比大陆上地壳、中地壳、下地壳和全地壳的元素丰度，分析地壳化学分类元素的变化规律，总结研究地壳元素丰度的地球化学意义。

5. 将中国东部地壳、全球陆壳、华北克拉通、扬子克拉通等地壳克拉克值进行对比，分析大地构造演化过程中元素的变化规律，总结研究元素克拉克值的地球化学意义。

6. 对比典型岩浆岩、沉积岩和变质岩的化学组成，分析岩石化学组成的变化规律，总结研究岩石元素丰度的地球化学意义。

四、实习步骤

1. 每班同学分成若干小组，每组 4~5 人，每个小组随机抽选一项实习内容，安排课下查阅资料，然后绘图、分析、讨论，每人撰写一份实习报告（需要附数据图、表）。

2. 每个小组至少选择一项实习内容，且引用的每组数据至少包含 6 种元素（尽量丰富），分析它们的元素丰度分布的变化规律。

3. 安排 2 学时进行课堂讨论，每组选派一位同学作为代表制作 PPT 汇报，同组其他同学回答老师、同学提出的相关问题。

五、实习报告及绘图说明

1. 用数据绘图软件（可用 Excel 软件）绘制元素丰度变化图。

2. 结合元素变化特征，分析其变化规律，探讨太阳系和地球系统化学组成的研究意义。

3. 地壳的化学组成需要至少引用 1 组我国科学家黎彤的工作成果。

4. 太阳表层（第 22 页）、太阳光球（第 23 页）、月球（第 37 页）、陨石（第 31 页）、地球的原始地幔（第 42 页）、CI 球粒陨石（第 42 页）的化学组成，以及地球（第 45 页）、地壳的元素丰度（第 50 页），数据使用《地球化学（第 2 版）》（陈道公，2009），具体页码见标注。

5. 中国东部地壳、全球陆壳、华北克拉通、扬子克拉通等地壳克拉克值，以及典型岩浆岩、沉积岩和变质岩的化学组成等数据，需要同学们在中国知网等文献库自行查阅。

六、习题

（1）太阳系、地球、地壳分别具有什么样的元素丰度特征？

（2）我国都有哪些科学家在太阳系和地球系统的元素丰度领域做出了杰出贡献？

（3）陨石研究对地球元素丰度研究有什么意义？

📖 实习报告五

一、实习计算结果

表1 _____元素丰度数据

序号						
1						
2						
3						
4						
5						
6						
7						
8						

二、_____元素丰度变化图

三、分析

实习六　pH-Eh 关系图的制作

一、实习目的

1．掌握 H_2O 对自然环境中 Eh 的控制作用。

2．掌握 pH-Eh 关系图的制作方法。

3．了解 pH-Eh 关系图在地球化学研究中的意义。

二、基本原理

1．自然氧化—还原环境的极限

氧化上限：

$$H_2O \Leftrightarrow 1/2O_2 + 2H^+ + 2e^-, \ E_0 = 1.23V \quad (P_{O_2} = 0.21)$$

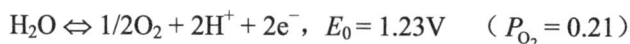

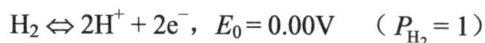

$$E = E_0 + (0.059/n)\cdot\lg K$$

$$E = 1.22 - 0.059pH$$

还原上限：

$$H_2 \Leftrightarrow 2H^+ + 2e^-, \ E_0 = 0.00V \quad (P_{H_2} = 1)$$

$$E = E_0 + (0.059/n)\cdot\lg K$$

$$E = -0.059pH$$

2．pH-Eh 关系图

以 Eh 为纵坐标，以 pH 值为横坐标，图示 pH 值与 Eh 的关系。

以 Fe^{3+}–Fe^{2+}、$Fe(OH)_3$–$Fe(OH)_2$、Fe^{2+}–$Fe(OH)_3$ 半反应为例，绘制 pH-Eh 关系图。

三、实习内容

1．绘制 H_2O 的 pH-Eh 关系图

（1）H_2O 的电化学半反应方程式：

$$(-) \ H_2O \rightarrow 1/2O_2 + 2H^+ + 2e^-, \ E_0 = 1.23V$$

$$E = 1.23 + 0.03\lg[\,P_{O_2}\,]^{1/2}[H^+]^2$$

$$E = 1.22 - 0.059\text{pH}$$

当 pH = 4 时，$E = 0.984$。

当 pH = 9 时，$E = 0.689$。

$$(+)\ \ H_2 \rightarrow 2H^+ + 2e^-,\ \ E_0 = 0.00V$$

$$E = -0.059\text{pH} - (0.059/2)\lg P_{H_2}$$

$$E = -0.059\text{pH}$$

当 pH = 4 时，$E = -0.236$。

当 pH = 9 时，$E = -0.531$。

2. 以 Fe^{2+}、$Fe(OH)_2$、Fe^{3+}、$Fe(OH)_3$ 形式为例，绘制 Fe 的 pH-Eh 关系图

选定条件：$[Fe^{2+}] = 1M$ 和 $[Fe^{2+}] = 10^{-3}M$ 两种情形。

铁的 pH-Eh 相图编制；根据 $Fe^{2+} \rightarrow Fe^{3+}$ 反应形式分三段绘图。

（1）当 pH < 2 时，反应为

$$Fe^{2+} = Fe^{3+} + e^-,\qquad E_0 = 0.77V$$

线形为水平线，其上下为 Fe^{3+}、Fe^{2+}优势场。

（2）当 pH = 2～10 时，反应为

$$3H_2O + Fe^{2+} = Fe(OH)_3 + 3H^+ + e^-,\qquad E_0 = 1.06V$$

代入能斯特方程

$$E = 1.06 + 0.059\lg([H^+]^3/[\,Fe^{2+}])$$

给定　　$[Fe^{2+}] = 1\text{mol}$，$E = 1.06 - 0.177\text{pH}$

$$[Fe^{2+}] = 10^{-3}\ \text{mol},\qquad E = 1.237 - 0.177\text{pH}$$

（3）当 pH > 10 时，反应为

$$Fe(OH)_2 + OH^- = Fe(OH)_3 + e^-,\ E_0 = -0.56V$$

$$E = -0.56 + 0.059\,\lg[1/OH^-] = 0.27 - 0.059\text{pH}$$

（4）当 pH < 5.9 时，反应为

$$Fe = Fe^{2+} + 2e^-,\qquad E_0 = -0.41V$$

给定　　$[Fe^{2+}] = 1\text{mol}$，$E = E_0$，线形为水平线，其上下为 Fe、Fe^{2+}优势场。

给定 $[Fe^{2+}] = 10^{-3}$mol，$E = E_0 - 0.059\lg(1/[Fe^{2+}])/2 = -0.4985$V，线形也为一条直线，其上下为 Fe、$Fe^{2+}$优势场。

（5）当 pH > 5.9 时，反应为

$$Fe + 2OH^- = Fe(OH)_2 + 2e^-, \qquad E_0 = -0.89V$$

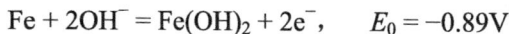

代入能斯特方程

$$E = -0.89 + 0.059\lg(1/[OH^-]^3)$$

$$E = -0.062 - 0.059pH$$

四、实习步骤

1. 建立电化学半反应方程式，查阅相关参数。
2. 以设定的条件计算 pH-Eh 关系。
3. 绘制 pH-Eh 关系图。
4. 圈定自然界中 pH-Eh 的变化范围。
5. 探讨 pH-Eh 关系图在地球化学研究中的意义。

五、实习要求

1. 每人完成 1 份实习报告。
2. 报告中列出参考文献。

六、习题

（1）Eh 主要对哪种类型元素化合物的溶解度有比较大的影响？

（2）Eh 和 pH 值对化学作用有哪些影响？请举例说明。

实习报告六

一、实习计算结果

表 1 　＿＿＿＿＿＿＿pH-Eh 关系图的数据表

二、＿＿＿＿＿＿ pH–Eh 关系图

三、分析

实习七 氡含量的测量及散点图的绘制

一、实习目的

1. 了解土壤氡含量测量的原理。
2. 掌握测氡仪的基本操作。

二、基本原理

FD-3017 型 RaA 测氡仪（见图 3.1）是一种能够进行实地氡含量测量的瞬时仪器，它利用静电收集氡衰变的第一代子体——RaA 作为测量对象，定量测量土壤中的氡浓度。其特点是没有探测器污染问题，也不存在氡射气。该仪器的工作原理是：氡元素衰变的第一代子体 RaA 呈现正电性，利用高压电场产生的负高压将 RaA 吸附在金属圆片上，金属圆片上的 RaA 与土壤中的氡呈现正相关，通过计算可得出土壤中的氡浓度。该仪器的极限探测灵敏度小于 0.37Bq/L，计数误差≤10%。工作条件：取气深度为 60～80cm，取样体积为 1.5L，高压释放 2min，测量读数为 2min。

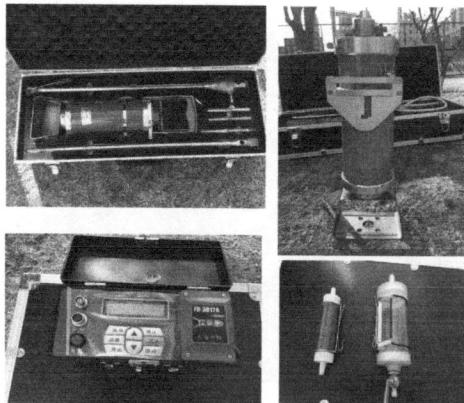

图 3.1 FD-3017 型 RaA 测氡仪

三、实习内容

1. 利用防灾科技学院地震地下流体实验室的 FD-3017 型 RaA 测氡仪（陆丽娜等，2016），完成"氡含量测量数据记录表"（见表 3.1）1 份。

表 3.1　氡含量测量数据记录表

取样体积（L）					
取样深度（cm）					
测量温度（℃）					
氡含量（脉冲值）					

2. 绘制不同取样深度氡含量散点图 1 幅。

（1）根据基本原理和实验步骤以不同取样深度作为横坐标，以对应的氡含量作为纵坐标，绘制氡含量散点图。

（2）讨论和分析本实习内容中氡含量脉冲值的变化规律，以及氡元素的地球化学意义。

四、实习步骤

1. 气密性检查：连接仪器后，向上拉起收集器，并关闭排气开关一段时间。收集器如果不下落，则气密性良好。注意：确保仪器气密性良好后方可开始测量。

2. 氡含量测量

（1）仪器预热 15min 后，将金属圆片从盒中取出，注意捏住金属圆片边缘，指腹不能触碰金属圆片，将金属圆片装进收集器并关闭排气开关，将收集器缓缓向上拉起，该过程持续 2min 左右，记录取样体积、取样深度和测量温度。

（2）按下测量设备面板上的"高压"按键，仪器读秒结束前警报声会响起（共 15s），迅速将金属圆片取出，并将其翻面装进测量装置。注意：手指不要触碰金属圆片。

（3）等待仪器稳定后读数，并记录氡含量脉冲值，读数完成后完成一个测量回次。更换金属圆片，进行下一回次的测量。

五、实习报告及绘图说明

1. 依次测量完成 60cm、65cm、70cm、75cm、80cm 不同取样深度的氡含量脉冲值测量，进行本次记录、绘图并分析。

2. 在测量时不使用手机，避免电磁辐射对实验数据的影响；保持干燥剂的含量在 70% 以上，以确保采集的气体不会受到水分的干扰。

3. 可用 Excel 进行计算，利用"插入—散点图"选项绘图。

4. 感兴趣的学生亦可使用 QM201G 便携式测汞仪进行土壤气 Hg 的地球化学测量（陆丽娜等，2018）。

六、习题

（1）氡在 U-Th-Pb 衰变体系中是子体同位素还是母体同位素？

（2）氡含量测量除了应用于土壤气测量等构造地球化学领域，还可以应用于哪些科学研究领域？

📖 实习报告七

一、实习测量结果

表1　氡含量测量数据记录表

取样体积（L）					
取样深度（cm）					
测量温度（℃）					
氡含量（脉冲值）					

二、_____ 氡含量散点图

三、分析

实习八　汞含量的测量及工作曲线的绘制

一、实习目的

1．了解原子吸收法测量汞含量的原理。
2．掌握测汞仪工作曲线绘制的基本原理。

二、基本原理

汞是自然界唯一在常温下可以气态迁移的金属元素，其活动性强、毒性大，是地球化学勘查和环境科学重点关注的元素（李静等，2018）。游离态汞富集后的含量采用 RG-BS 型测汞仪测量。RG-1 型测汞仪（见图 3.2）巧妙利用样品温度与电炉接触时间的关系，在高温条件（800℃）下测量热释汞含量，不仅可以大大提高热释汞含量的测量效率，而且可以用于测量各种相态汞的含量。某种元素的基态原子蒸气对同种元素发射的特征辐射线有选择地吸收。在一定浓度范围内，均匀吸收介质中吸光度 A 与样品中被测元素浓度 c 的关系为

$$A = Kc$$

式中，A 为吸光度；K 为比例常数；c 为被测元素浓度。

因此，测量吸光度 A，就可以得到被测元素浓度 c。

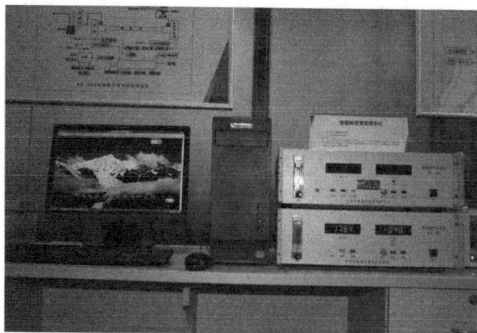

图 3.2　RG-1 型测汞仪

Note

三、实习内容

1. 利用防灾科技学院地震地下流体实验室的 RG-1 型测汞仪，完成"测汞仪工作曲线数据记录表"（见表 3.2）1 份，作为工作曲线绘制的依据。

表 3.2　测汞仪工作曲线数据记录表

汞蒸气体积（mL）					
汞量（ng）					
汞蒸气温度（℃）					
峰值吸光度（p）					
拟合"峰值吸光度"直线	相关系数 $r=$				

2. 绘制汞含量工作曲线图 1 幅。

（1）根据基本原理和实验步骤绘制汞含量工作曲线图。

（2）讨论和分析汞元素的地球化学意义。

四、实习步骤

1. 开机预热：打开测汞仪和计算机电源开关，设定测汞仪炉温为 800℃，仪器开始预热。按测汞仪复位键、双击 RG-BS 测汞仪桌面快捷图标进入初始设置对话框，串口选择 COM1，默认透过率为 90%，单击"确认"按钮进入测汞仪操作软件主界面。

2. 标准曲线的绘制

① 测汞仪预热 30min 后，单击主控界面左上角的"选择测量物质"，选择"捕汞管测气体"，之后在"测量样品类型"中选择"工作曲线测量"，在"分析条件设置"中设置"抽气延时 1 秒"。

② 在编辑框内输入汞蒸气温度和汞蒸气体积（0.01mL、0.03mL、0.05mL、0.07mL、0.09mL），从仪器外气路硅胶管端进样口注入相应体积的汞蒸气后按测量键，几秒后峰值吸光度显示在"标准测量"对话框左侧，待抽气泵停止，本次测量结束。

③ 按上述方法依次测量完成 0.01mL、0.03mL、0.05mL、0.07mL、0.09mL 饱和汞蒸气标准系列后，单击"标准测量"对话框内的"绘制工作曲线"按钮，单击"显示峰值散点图"在工作区内显示"峰值吸光度—汞量"散点图，然后选择"拟合直线"显示拟合后的标准曲线，并记录相关系数。

五、实习报告及绘图说明

1. 依次测量完成 0.01mL、0.03mL、0.05mL、0.07mL、0.09mL 饱和汞蒸气标准系列，进行本次计算、绘图及分析。

2. 每次测量结束后要按"清洗"按钮对测汞仪内的气路进行清洗，以免气路内残留的汞蒸气影响下一次测量。

3. 可用 Excel 进行计算，利用"插入—散点图"选项绘图，可以单击图件选择"添加趋势线"。

六、习题

（1）汞和氡能否结合在一起应用于地震地下流体的研究中？如果可以，汞和氡是如何联合应用的？此外，地震地下流体还有哪些研究方法？

（2）除了应用在地震地下流体的研究中，汞在环境地球化学中还有哪些应用？

实习报告八

一、实习测量结果

表1 测汞仪工作曲线数据记录表

汞蒸气体积（mL）					
汞量（ng）					
汞蒸气温度（℃）					
峰值吸光度（p）					
拟合"峰值吸光度"直线	相关系数 $r =$				

二、汞含量工作曲线图

三、分析

第四章 可选实习项目

实习九　水样采集与 pH 值测量

一、实习目的

1. 采集潮白河水，研究其污染状况。
2. 研究潮白河水的 pH 值。
3. 掌握野外现场水 pH 值的测量方法。

二、基本原理

pH 值是溶液中氢离子活度（aH^+）的负对数，即

$$pH = -\lg aH^+$$

当溶液浓度很稀时，氢离子活度近似于氢离子浓度[H^+]。未经污染的地表水的 pH 值一般为 6.5 左右，但当水质受到污染时，pH 值就会发生变化。因此，pH 值是水质地球化学环境的重要指标之一。污染水中含有很多微生物，测完 pH 值后，应将样品用浓硫酸酸化至 pH 值为 2.0，避免水中微生物的活动导致水中有关组分的变化。

三、仪器和试剂

1. 仪器：笔式 pH 计 1 支，100mL 塑料烧杯 1 个，500mL 塑料瓶 1 个。
2. 试剂：浓硫酸。

四、实习步骤

1. 样品获取

在潮白河适当的位置确定取样地点，用 500mL 塑料瓶盛取适量的河水，清洗塑料瓶 3 次，然后盛满河水，拧紧瓶盖，带回实验室作为实验样品（注：采集的水样应该在当时用浓硫酸酸化至 pH 值为 2.0，以防止微生物的生长，但将浓硫酸携带到野外不安全，因此本实验省略此步骤）。

2．pH 值测量

（1）用上述清洗塑料瓶的方法清洗 100mL 烧杯，然后取近 80mL 的河水。

（2）取下笔式 pH 计上的保护套，将电极浸入烧杯，约 4cm 深。

（3）轻轻搅动，直到显示读数稳定。

（4）在记录纸上记下该 pH 值，并在表 4.1 表名处填写采集地。

（5）按步骤（2）～（4）测量 3 次 pH 值，计算平均 pH 值。

（6）绘制 3 次 pH 值和平均 pH 值的变化曲线图，并与标准比对。

3．实习记录

表 4.1 _____采集水样 pH 值测量记录表

次数	pH 值
1	
2	
3	
平均 pH 值	

测量者： 测量时间：

五、数据计算

$$平均 pH 值 = (pH_1 + pH_2 + pH_3)/3$$

六、习题

（1）根据生态环境部公布的中水处理标准，对所测 pH 值进行讨论，判断其是否达到处理标准，如没有达到处理标准，应采取的措施是什么？

（2）查阅资料，说一说污水有哪些处理方法。

（3）一般用什么化学试剂处理污水？

七、注意事项

（1）在采样过程中要注意安全，以免滑入水中。

（2）从学校到采样地点及返回过程中要注意交通安全，遵守交通规则。

📖 实习报告九

一、实习测量结果

表 1 _____采集水样 pH 值测量记录表

次数	pH 值
1	
2	
3	
平均 pH 值	

测量者：   测量时间：

二、pH 值变化曲线图

三、分析

实习十 化学需氧量（COD）的测量
——高锰酸钾法

Note

一、实习目的

1．了解环境污染的指标及分析方法。

2．研究水体被污染的程度。

3．掌握用高锰酸钾法测量水样中的 COD。

二、基本原理

化学需氧量是指在一定条件下，易受强化学氧化剂氧化的还原态物质所消耗的氧量，单位为 mg/L。水体中可被氧化的物质包括有机物和无机物（硫化物、亚铁盐等），化学需氧量是衡量水体被还原态物质污染程度的一项重要指标。在水样中，加入硫酸及过量的高锰酸钾溶液，并加热以加快反应。反应结束后加入过量的草酸钠溶液还原剩余的高锰酸钾，最后用高锰酸钾溶液滴定过剩的草酸钠。根据高锰酸钾溶液的消耗量，计算水样的化学需氧量。滴定过程中的化学反应为

$$Na_2C_2O_4 + H_2SO_4 \rightarrow Na_2SO_4 + H_2C_2O_4$$

$$5H_2C_2O_4 + 2KMnO_4 + 3H_2SO_4 \rightarrow K_2SO_4 + 2MnSO_4 + 8H_2O + 10CO_2$$

本方法适用于氯离子含量不超过 300mg/L 的水样中 COD 的测量。

三、仪器和试剂

（一）仪器

1．恒温水浴。

2．150mL 三角瓶 3 个。

3．大肚移液管：25mL 容量 1 支；10mL 容量 2 支。

4．10mL 量杯 1 个。

5．25mL 酸式滴定管 1 支。

（二）试剂

1．硫酸溶液

量取浓硫酸 100mL，在不断搅拌的同时缓缓倾入 300mL 蒸馏水，趁热滴加高锰酸钾溶液（0.002mol/L）至微红色不退为止（实验室配制）。

2．草酸钠标准溶液（0.005mol/L）

称取经 105℃～110℃烘干 2h 并在干燥器中冷却的分析纯草酸钠 0.6700g，溶于蒸馏水中，移入 1000mL 容量瓶，加入硫酸溶液 5mL，然后用蒸馏水稀释至 1000mL，摇匀（实验室配制）。

3．高锰酸钾储备溶液（0.02mol/L）

称取高锰酸钾 3.2g，溶于 1000mL 蒸馏水中，并加热至微沸 10min，放置过夜；然后，用玻璃棉或玻璃砂芯漏斗过滤在棕色试剂瓶中，避光保存（实验室配制）。

4．高锰酸钾标准溶液（0.002mol/L）

吸取高锰酸钾储备溶液，加蒸馏水稀释到 10 倍体积，摇匀。此溶液通常在用时临时配制（实验室配制）。

四、实习步骤

1．用 25mL 大肚移液管吸取水样 25mL 置于 150mL 三角瓶中，用量杯加入硫酸溶液 5mL，用 10mL 大肚移液管吸取高锰酸钾溶液（0.002mol/L）10.0mL 加入三角瓶，摇匀。

2．将三角瓶置于电炉上煮沸后，立即放入沸水浴加热 30min（沸水液面要高于三角瓶内试液的液面）。若在加热过程中高锰酸钾的紫红色退去，则须少取水样，并经适当稀释后重新测量。

3. 取出三角瓶，用 10mL 大肚移液管加入草酸钠标准溶液（0.005mol/L）10.0mL，摇匀；待高锰酸钾的紫红色完全消失后，趁热（此时试液温度不应低于 70℃，否则需要加热）用高锰酸钾溶液（0.002mol/L）滴定至试液微红色不退，即为终点（同时配置两份样品）。

若水样用蒸馏水稀释后测量，则须另取同一瓶稀释样品所加入蒸馏水的量（mL），按水样的测量步骤做蒸馏水消耗高锰酸钾的空白实验，然后在稀释水样的测量结果中扣除所加入蒸馏水的空白体积。

将实验测量结果记录在表 4.2 中。

表 4.2　水样中 COD 实验测量记录

编号	样品号	取样量（mL）	终点读数（mL）	始点读数（mL）	实耗 V_1（mL）	空白 V_0（mL）	$KMnO_4$ 浓度（mol/L）	结果（mg/L）

五、数据计算

化学需氧量的计算公式为

$$COD（mg/L）= C(V_1 - V_0) \times 8 \times 1000 / V$$

式中

V_1——样品滴定所用高锰酸钾溶液（0.002mol/L）的体积；

V_0——空白滴定所用高锰酸钾溶液的体积（10mL）；

C——0.002mol/L，高锰酸钾溶液的浓度；

V —— 所取水样的体积（mL）；

8 —— 1/2 氧原子的摩尔质量（g/mol）；

1000 —— 将样品体积单位 L 换算成 mL 的系数。

六、习题

（1）根据生态环境部公布的地表水标准，对所测 COD 进行讨论，判断其是否达标，如没有达标，应采取的措施是什么？

（2）为什么 COD 是衡量水体污染程度的重要指标？

（3）影响化学需氧量测量结果的因素有哪些？

七、注意事项

（1）实验中注意谨慎操作，玻璃器皿易碎。

（2）加热后温度较高，要防止烫伤。

Note

实习报告十

一、实习测量结果

表1 ＿＿＿＿＿＿水样中 COD 实验测量记录

编号	样品号	取样量 (mL)	终点读数 (mL)	始点读数 (mL)	实耗 V_1 (mL)	空白 V_0 (mL)	KMnO₄浓度 (mol/L)	结果 (mg/L)

二、化学需氧量变化曲线图

三、分析

实习十一　道路尘中有机质含量测量

一、实习目的

1. 了解重铬酸钾容量法测量土壤有机质的原理。
2. 掌握重铬酸钾容量法——稀释热法测量土壤有机质的分析过程。

二、基本原理

利用浓硫酸和重铬酸钾迅速混合时产生的热来氧化有机质（碳），剩余的重铬酸钾用硫酸亚铁来滴定，基于所消耗的重铬酸钾量计算有机碳的含量。本方法与干烧法相比只能氧化 77% 的有机碳，因此要将测得的有机碳含量乘以校正系数 1.33，以计算有机碳的含量。

在氧化和滴定过程中的化学反应包括

$$2K_2Cr_2O_7 + 8H_2SO_4 + 3C \rightarrow 2K_2SO_4 + 2Cr_2(SO_4)_3 + 3CO_2 + 8H_2O$$

$$K_2Cr_2O_7 + 6FeSO_4 + 7H_2SO_4 \rightarrow K_2SO_4 + Cr_2(SO_4)_3 + 3Fe_2(SO_4)_3 + 7H_2O$$

在 1mol/L 浓度的 H_2SO_4 溶液中用 Fe^{2+} 滴定 $Cr_2O_7^{2-}$ 时，滴定曲线的突跃范围为 1.22～0.85V。以邻啡罗啉作为氧化还原指示剂（E_0=1.11V），在 Fe^{2+} 滴定 $Cr_2O_7^{2-}$ 的过程中，溶液颜色变化为橙→灰绿→浅绿→砖红。

三、仪器和试剂

（一）仪器

1. 1 个电子天平。
2. 25mL 滴定管 1 支。
3. 500mL、150mL 三角瓶各 3 个。
4. 10mL、25mL 大肚移液管各 1 支。
5. 20mL 量杯 1 个。

（二）试剂

1. 1mol/L（$1/6K_2Cr_2O_7$）的溶液

准确称取 $K_2Cr_2O_7$（分析纯，105℃下烘干）49.04g，溶于水中，稀释至 1L。

2. 0.4mol/L（$1/6K_2Cr_2O_7$）的基准溶液

准确称取 $K_2Cr_2O_7$（分析纯，在 130℃下烘干 3h）19.6132g 置于 250mL 烧杯中，以少量水溶解，并全部洗入 1000mL 容量瓶，加入浓硫酸约 70mL，冷却后用水定容至 1000mL，充分摇匀备用〔其中，浓硫酸浓度约为 2.5mol/L（$1/2H_2SO_4$）〕。

3. 0.5 mol/L $FeSO_4$ 溶液

称取 $FeSO_4·7H_2O$ 共 140g 溶于水中，加入浓硫酸 15mL，冷却稀释至 1L；或称取 $Fe(NH_4)_2(SO_4)_2·6H_2O$ 共 196.1g 溶于含有 200mL 浓硫酸的 800mL 水中，并稀释至 1L。此溶液的准确浓度以 0.4mol/L（$1/6K_2Cr_2O_7$）的基准溶液标定，即分别准确吸取 3 份 0.4mol/L（$1/6K_2Cr_2O_7$）的基准溶液各 25mL 置于 150mL 的三角瓶中，加入邻啡罗啉指示剂 4～5 滴，然后用 0.5mol/L 的 $FeSO_4$ 溶液滴定至终点，并计算出 $FeSO_4$ 的准确浓度。硫酸亚铁（$FeSO_4$）溶液在空气中易被氧化，需要新鲜配制或以标准的 $K_2Cr_2O_7$ 溶液在使用前标定。

4. 邻啡罗啉指示剂

称取分析纯邻啡罗啉 1.485g，称取硫酸亚铁（$FeSO_4·7H_2O$）0.695g，溶于 100mL 水中，此时试剂与硫酸亚铁形成红棕色络合物，即$[Fe(C_{12}H_8N_2)_3]^{2+}$，储存于棕色滴瓶中。

5. 分析纯浓硫酸

四、实习步骤

准确称取 0.5g 土壤样品于 500mL 三角瓶中，然后准确加入 1mol/L（$1/6K_2Cr_2O_7$）溶液 10mL 于土壤样品中，转动瓶子使之混合均匀，之后加入浓硫酸 20mL，将三角瓶缓缓转动 1min，使之充分混合以保证试剂与土壤充分作用，并在低温电热板上放置约 30min，加蒸馏水稀释至 250mL。加 4～5 滴邻啡罗啉指示剂，然后用 0.5mol/L 的 $FeSO_4$ 标准溶液滴定，至终点时溶液颜色由绿色变成暗绿色，逐滴加入 $FeSO_4$ 直至变成砖红色。用同样的方法进行空白测量（不加土样），每个样品做两份。测量结果记录在表 4.3 中。

表 4.3　土壤有机质测量记录表

编号	样品号	取样量 m (g)	终点读数 (mL)	始点读数 (mL)	实耗 V (mL)	FeSO$_4$ 浓度 (mol/L)	空白 V_0 (mL)	结果（g/kg）

五、数据计算

土壤有机碳（g/kg）$= [C(V_0 - V) \times 10^{-3} \times 3.0 \times 1.33/m] \times 1000$

土壤有机质（g/kg）$=$ 土壤有机碳（g/kg）$\times 1.724$

式中

1.33——氧化校正系数；

C ——0.5mol/L FeSO$_4$ 标准溶液；

V_0 ——空白滴定用去 FeSO$_4$ 标准溶液的体积（mL）；

V ——样品滴定用去 FeSO$_4$ 标准溶液的体积（mL）；

3.0——1/4 碳原子的摩尔质量（g/mol）；

10^{-3} ——将 mL 换算为 L 的系数；

m ——烘干样质量（g）。

六、习题

（1）你认为道路尘应怎样处理？

（2）要分析哪些指标才能确定道路尘对人们生活环境的影响？

七、注意事项

1．浓硫酸具有很强的氧化性和腐蚀性，在操作时要避免溅落在皮肤和衣服上。如果浓硫酸洒落在台面上，则应及时用湿抹布清除。有关浓硫酸的操作应在通风橱中完成。

2．实验中注意谨慎操作，玻璃器皿易碎。

3．加热后温度高，要防止烫伤。

实习报告十一

一、实习测量结果

表 1 _____土壤有机质测量记录表

编号	样品号	取样量 m (g)	终点读数 (mL)	始点读数 (mL)	实耗 V (mL)	FeSO₄浓度 (mol/L)	空白 V_0 (mL)	结果 (g/kg)

二、实习计算结果

三、分析

🖊️ 实习十二　水中氢氧同位素测试

一、实习目的

（1）掌握 LGR 液态水同位素分析仪的原理及其基本操作方法。

（2）能够进行水样的前处理，并能够利用 LWIA 数据分析软件进行数据的导出和预处理。

（3）能够利用 Excel 绘制氢氧同位素关系图件，并能对数据进行简要分析。

二、基本原理

离子色谱仪的检测原理是 Beer-Lambert 定律（见图 4.1），即

$$\Delta I/I_0 = 1 - e^{-kL}$$

式中

I_0——总入射光强度；

ΔI——总入射光强度与透射光强度之差；

k——吸光系数；

L——溶液层的厚度。

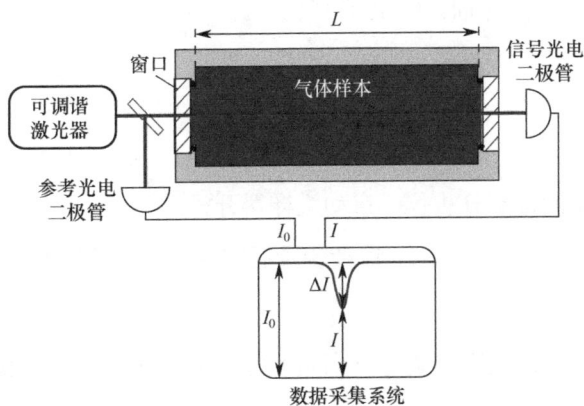

图 4.1　Beer-Lambert 定律

LGR 液态水同位素分析仪利用两个高反射率镜面制造一个光腔，使激光在两个镜

面间进行大量反射（见图4.2），以增加吸收强度，进而可以测量低浓度样品。激光检测器的波长为1380nm左右。

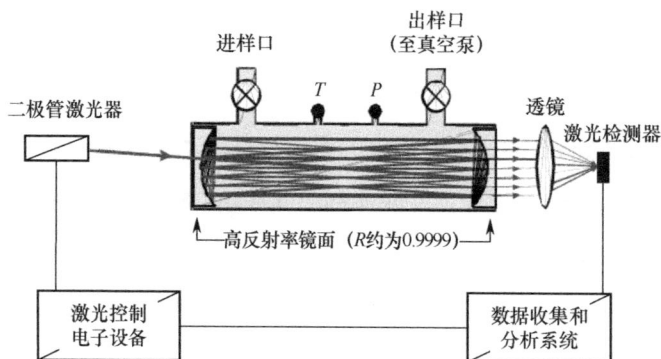

图 4.2　LGR 液态水同位素分析仪

在自然界中，H、O 同位素的存在形式为：H 同位素有 ^1H、^2H（D）、^3H（T）；O 同位素有 ^{16}O、^{17}O、^{18}O。LGR 液态水同位素分析仪主要检测水体中 D 和 ^{18}O 的含量精度：$\delta D < 1.2‰$，$\delta^{18}O < 0.6‰$。

三、仪器与试剂

（1）仪器及器皿：LGR 液态水同位素分析仪，1.5μL 样品瓶，一次性注射器，0.45μm 水系滤头，进样针。

（2）试剂：纯水，润针剂，LGR 系列标样。

四、实习步骤

1. LGR 液态水同位素分析仪、自动进样器开机。

2. 安装进样口隔膜，每 1～2d 连续测量后需要更换 1 次隔膜。

3. 预热 3～6h。

4. 自动进样器定位检查与调整（若此前检查或调整过，则无移动或变化时可忽略此步骤）。

5. 润针：去离子水润洗进样针（30～50 次上下），润针剂润洗进样针（30～50 次上下）。

6．安装进样针。

7．样品前处理：过滤、真空蒸馏或其他处理。

8．样品放置（每瓶放置标样或样品各 1mL）。

9．在 Configure 菜单的 Sample List 中设置样品测量顺序，并且按"→"按钮将其转入 Run List。

10．在 Injection per Sample 中，设置为 6 次。

11．在 Configure 菜单的 Standard List 中设置样品测量顺序，并且按"→"按钮将其转入 Standard Setup。

12．在下拉菜单中，Start with 选择 Standard，Run after 选择数字为 1（V1）、3（V2）或 5（V3）。

13．Standard Interleave Type 选择 One Standard per Sample Set。

14．按屏幕底部的 Run 按钮，转入运行菜单。

15．检查设置是否正确，无误后按 ▶ 开始运行测量，同时观察数据和进样量的稳定性以便随时调整。

16．测量完成后，按屏幕底部的 File Transfer 按钮，根据屏幕提示插入 U 盘，进入资源管理器。

17．选中左边窗口的.txt 数据文件，按"→"按钮将数据复制到 U 盘中。

18．按 Exit 按钮退回主菜单。

19．拔出 U 盘，并复制到用户的计算机中使用。

20．按主菜单下的 Exit 按钮，关机，约需要 3min，直到 Power Down 显示；关闭分析仪后部的电源开关。

21．卸下进样针，润针，同步骤 4，之后放回存放进样针的盒子中。

22．关闭自动进样器开关。

五、结果与分析

利用表 4.4 中实验测试数据绘制 δD-$\delta^{18}O$ 关系图，并计算得出曲线拟合方程。

表 4.4　水样中氢氧同位素组成

样品号	δD	δ18O
BYT180221	−78.76	0.63
BYT180224	−81.77	− 0.23
BYT180206	−77.78	1.02
BYT180213	−81.34	− 0.73
BYT180222	−82.02	− 0.78
BYT180218	−82.28	− 1.02
BYT180219	−81.24	− 0.69
BYT180301	−81.84	− 1.10
BYT180127	−78.90	− 0.02
BYT180112	−81.66	− 0.91
BYT180111	−81.87	− 0.82
BYT180123	−81.55	− 0.92
BYT180210	−81.04	− 0.75
BYT180130	−78.45	− 0.15
BYT171225	−79.13	0.01
BYT180225	−82.17	− 0.85
LP1	−71.60	− 10.31
LP2	− 69.40	− 9.80
LP3	− 65.70	− 9.27
LP4	− 62.80	− 8.55
LP5	− 62.80	− 9.44
LP6	− 87.90	− 9.19
LP7	− 61.50	− 8.99
LP8	− 83.20	−11.16
LP9	− 88.50	−12.02
LP10	−73.30	−10.50
LP11	−70.63	−10.22
LP12	−73.01	−10.27
LP13	− 63.97	− 9.10
LP14	− 61.85	− 8.47
LP15	− 65.27	− 9.39
LP16	− 61.33	− 8.97

六、习题

（1）所取水样中的氢氧同位素是否分布在大气降水线附近？如果是，那么水样的主要来源是不是大气降水？

（2）少数偏离大气降水线的水样物质来源可能是什么？

（3）氢氧同位素还可以应用到地球科学哪些领域的研究中？

实习报告十二

一、实习计算结果（曲线拟合方程）

二、δD–$\delta^{18}O$ 关系图

三、分析

实习十三　主量元素哈克图解的绘制

一、实习目的

1．掌握常见的主量元素。

2．理解哈克图解绘制的基本原理。

3．掌握哈克图解的绘制方法。

二、基本原理

1．哈克图解是最常用的一种主量元素双变量协变图，是展示主量元素变化特征最常用的手段。

2．以 SiO_2 为 x 轴，以其他氧化物为 y 轴。

三、实习内容

1．绘制多氧化物的哈克图解。

2．分析主量元素的地球化学特征。

四、实习步骤

1．查阅文献，或者从本书表 4.5 中选取 5 组数据，以 SiO_2 为 x 轴、以其他氧化物为 y 轴绘制第 1 幅双变量协变图。

2．选取 5 组数据中其他氧化物作为 y 轴（ x 轴仍为 SiO_2 ），绘制出其他几幅双变量协变图。

3．在绘图软件中将几幅双变量协变图排版成一组完整的哈克图解。

4．根据主量元素数据和哈克图解分析主量元素的地球化学特征。

Note

五、实习报告及绘图说明

1. 至少选取 5 组数据进行本次绘图、计算及分析。

2. 结合表 4.5 中的数据，分析主量元素的地球化学特征。

六、习题

（1）哈克图解中 y 轴选用的氧化物是固定不变的吗？

（2）镁、铁的含量变化之间有什么关系吗？

（3）通过哈克图解能分析出主量元素的地球化学特征吗？

表 4.5 胶西北地区郭家岭岩体主量元素特征（wt%）（据陆丽娜，2011）

样品号	08G06	08G07	08G08	08G09	08G11	08G13	08G25	08G26	08G28	08G29P	08G30P	08G31	08G32	08G37	08G46	08G47	08G61
岩体	郭家岭花岗闪长岩																
SiO_2	66.86	69.80	70.41	70.49	69.53	70.00	68.47	68.82	68.23	68.94	70.83	72.64	70.71	71.23	70.98	71.53	71.35
TiO_2	0.38	0.31	0.29	0.20	0.30	0.31	0.35	0.31	0.34	0.32	0.20	0.13	0.27	0.19	0.25	0.26	0.26
Al_2O_3	14.81	15.13	15.34	15.66	14.86	14.86	15.87	15.31	15.59	15.46	15.74	15.23	14.93	15.42	14.33	13.84	15.12
Fe_2O_3	2.66	2.26	2.04	1.53	2.27	2.26	2.22	2.21	2.49	2.37	1.57	1.30	1.56	1.14	1.92	1.99	1.58
MnO	0.04	0.03	0.03	0.02	0.04	0.04	0.03	0.04	0.04	0.03	0.02	0.02	0.01	0.01	0.03	0.04	0.02
MgO	1.73	1.10	1.03	0.61	1.16	1.11	1.03	1.24	1.10	1.17	0.62	0.39	0.46	0.38	0.70	0.75	0.55
CaO	2.93	2.62	2.62	2.57	2.65	2.83	2.56	2.42	2.71	2.74	2.58	2.49	1.99	2.12	1.63	1.86	2.42
Na_2O	4.34	4.50	4.62	5.50	4.31	4.79	4.81	4.46	4.85	4.86	5.58	5.92	4.58	4.73	4.41	4.26	5.19
K_2O	4.52	3.42	3.37	2.46	3.60	2.80	3.70	4.37	3.45	3.25	2.49	1.46	3.49	3.66	4.74	4.21	2.50
P_2O_5	0.26	0.10	0.10	0.06	0.17	0.10	0.14	0.15	0.16	0.14	0.06	0.04	0.07	0.05	0.11	0.12	0.07
LOI	0.84	0.16	0.00	0.28	0.54	0.32	0.16	0.24	0.50	0.18	0.26	0.56	1.38	0.44	0.32	0.52	0.56
总计	99.37	99.43	99.85	99.38	99.43	99.43	99.34	99.57	99.45	99.46	99.94	100.18	99.45	99.37	99.43	99.38	99.63
Mg#	60.3	53.1	54.1	48.2	54.4	53.4	52.0	56.7	50.8	53.5	48.0	41.1	40.7	43.8	45.9	46.8	44.8
A/CNK	0.85	0.95	0.96	0.96	0.94	0.93	0.96	0.93	0.94	0.94	0.95	0.96	1.00	0.99	0.93	0.93	0.97
An	7.79	11.14	11.25	10.98	10.76	10.94	10.96	8.98	10.81	10.93	10.64	10.76	9.63	10.18	5.38	6.32	10.71
Ab	37.70	38.64	39.30	47.42	37.18	41.19	41.35	38.24	41.85	41.81	47.67	50.46	39.68	40.53	38.03	36.74	44.59
Or	27.43	20.50	20.03	14.82	21.68	16.81	22.22	26.17	20.81	19.52	14.85	8.69	21.10	21.91	28.52	25.36	14.99

实习报告十三

一、实习计算结果（哈克图解数据）

表 1　代表性岩体主量元素数据及计算结果

样品号	1	2	3	4	5	6
1						
2						
3						
4						
5						
6						

二、哈克图解

三、分析

实习十四　锆石 U-Pb 谐和图的绘制

一、实习目的

1. 理解 U-Th-Pb 放射性同位素地球化学的基本原理。
2. 学习锆石 U-Pb 谐和图的绘制方法。

二、基本原理

$$^{206}Pb^* /^{238}U = e^{\lambda 238 t} - 1$$
$$^{207}Pb^* /^{235}U = e^{\lambda 235 t} - 1$$

式中

$$\frac{^{206}Pb^*}{^{235}U} = \frac{(^{206}Pb /^{204}Pb) - (^{206}Pb -^{204}Pb)_0}{^{238}U /^{204}Pb}$$

$$\frac{^{207}Pb^*}{^{235}U} = \frac{(^{207}Pb /^{204}Pb) - (^{207}Pb -^{204}Pb)_0}{^{235}U /^{204}Pb}$$

理论上，对于任意给定的 t，其总对应于一个确定的 $^{206}Pb^* /^{238}U$ 和 $^{207}Pb^* /^{235}U$（见图 4.3），选择不同的 t，则在以 $^{206}Pb^* /^{238}U$ 为纵坐标、以 $^{207}Pb^* /^{235}U$ 为横坐标的图解上可以得到一条连续的曲线。这条理论曲线被称为谐和曲线或一致曲线（Concordia Curve），该图解被称为谐和图（见图 4.4）。

三、实习内容

1. 绘制锆石 U-Pb 谐和图 1 幅。
2. 通过锆石 U-Pb 谐和图，分析岩石的年龄。

四、实习步骤

1. 查阅文献或表 4.6 中的数据，找出锆石 U-Pb 谐和图绘制的基础数据。
2. 根据基本原理，使用 Excel 和 Isoplot 软件绘制谐和图 1 幅。
3. 通过谐和图，分析岩石的年龄结果。

4．如果出现两个以上年龄结果，探讨其可能的原因。

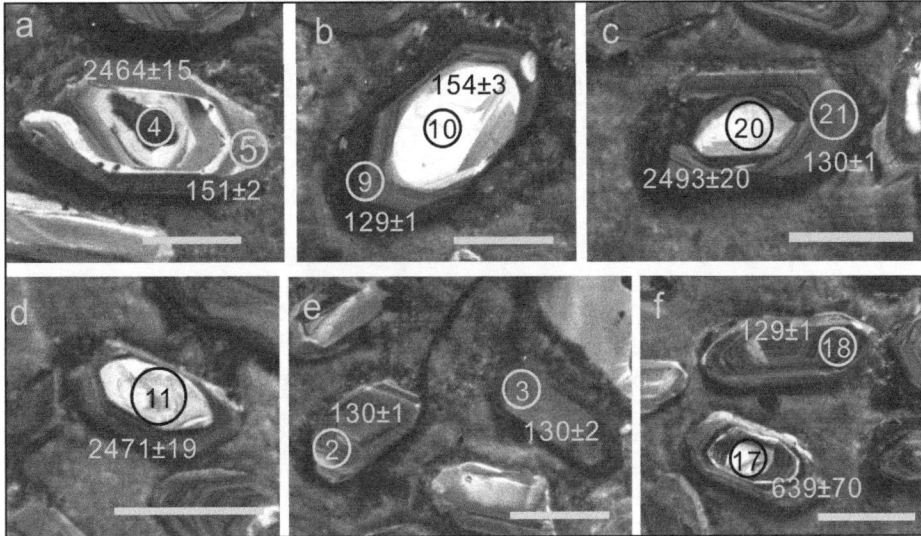

注：图中圆圈为分析点位置，除 17 点圆圈附近数值代表 $^{207}Pb/^{206}Pb$ 年龄（$\pm1\sigma$）外，其余为 $^{206}Pb/^{238}Pb$ 年龄（$\pm1\sigma$），圆圈直径为 32μm，线比例尺长度为 100μm。

图 4.3　胶西北地区郭家岭岩体（08G08）锆石 CL 图像（陆丽娜，2011）

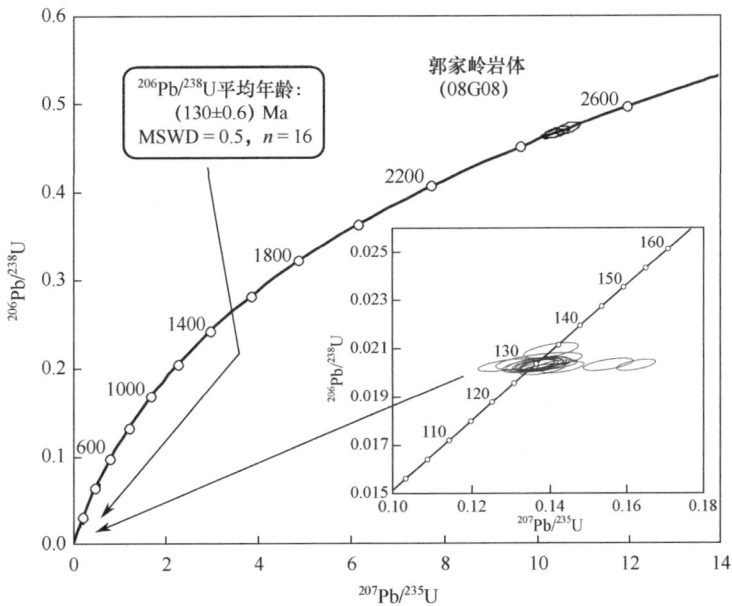

图 4.4　利用锆石 U-Pb 法确定的胶西北地区郭家岭岩体（08G08）的年龄（陆丽娜，2011）

Note

五、实习报告及绘图说明

1. 从文献或表 4.6 中选取锆石 U-Pb 数据进行本次绘图、分析及计算，其中，表 4.6 中的郭家岭岩体岩石样品为花岗闪长岩。

2. 分析郭家岭岩体或文献中岩石样品的年龄结果。

六、习题

（1）年龄结果有两个：130Ma 和 2500Ma 左右，哪个是郭家岭岩体的年龄？

（2）2500Ma 左右的年龄结果有什么样的指示意义？

（3）除了锆石 U-Pb 法，还有哪些放射性同位素定年方法？

表 4.6　胶西北地区郭家岭花岗闪长岩（08G08）锆石 U-Pb 法年龄分析结果（据陆丽娜，2011）

点号	Pb (ppm)	U (ppm)	Th (ppm)	Th/U	原子比值						表面年龄（Ma）					
					$^{207}Pb/^{206}Pb$	1σ	$^{207}Pb/^{235}U$	1σ	$^{206}Pb/^{238}U$	1σ	$^{207}Pb/^{206}Pb$	1σ	$^{207}Pb/^{235}U$	1σ	$^{206}Pb/^{238}U$	1σ
1	21.37	363.93	1010.32	0.36	0.0504	0.0015	0.1420	0.0042	0.02034	0.00015	213	69	135	4	130	1
2	12.11	172.16	589.45	0.29	0.0485	0.0017	0.1364	0.0047	0.02033	0.00018	120	86	130	4	130	1
3	11.66	114.68	591.47	0.19	0.0496	0.0019	0.1390	0.0050	0.02036	0.00025	176	89	132	4	130	2
4	69.48	96.71	118.13	0.82	0.1600	0.0026	10.3231	0.1655	0.46549	0.00350	2457	27	2464	15	2464	15
5	21.69	83.87	976.34	0.09	0.0513	0.0016	0.1681	0.0051	0.02380	0.00034	254	70	158	4	152	2
6	7.44	91.86	369.74	0.25	0.0485	0.0031	0.1374	0.0090	0.02049	0.00029	124	209	131	8	131	2
7	7.98	141.63	379.80	0.37	0.0489	0.0021	0.1404	0.0057	0.02093	0.00026	143	102	133	5	134	2
8	6.95	123.09	334.57	0.37	0.0486	0.0025	0.1369	0.0072	0.02033	0.00026	132	-72	130	6	130	2
9	8.62	72.90	451.12	0.16	0.0495	0.0017	0.1382	0.0047	0.02015	0.00018	172	75	131	4	129	1
10	1.58	21.52	64.87	0.33	0.0628	0.0042	0.2039	0.0131	0.02425	0.00042	702	143	188	11	154	3
11	106.78	156.39	181.32	0.86	0.1605	0.0026	10.4012	0.1822	0.46720	0.00437	2461	28	2471	16	2471	19
12	10.36	103.80	519.59	0.20	0.0488	0.0019	0.1370	0.0053	0.02034	0.00020	200	95	130	5	130	1
13	6.59	106.48	319.80	0.33	0.0489	0.0023	0.1367	0.0063	0.02036	0.00025	143	111	130	6	130	2
14	14.47	166.27	699.74	0.24	0.0581	0.0015	0.1624	0.0041	0.02032	0.00019	600	57	153	4	130	1
15	10.89	119.77	546.36	0.22	0.0492	0.0016	0.1378	0.0046	0.02034	0.00022	167	78	131	4	130	1
16	12.04	141.44	606.11	0.23	0.0484	0.0014	0.1362	0.0041	0.02033	0.00019	120	66	130	4	130	1
17	10.90	66.02	147.55	0.45	0.0610	0.0020	0.5709	0.0200	0.06732	0.00089	639	70	459	13	420	5
18	15.86	227.85	783.17	0.29	0.0513	0.0016	0.1434	0.0045	0.02023	0.00019	257	69	136	4	129	1
19	25.38	391.77	1244.96	0.31	0.0488	0.0013	0.1369	0.0035	0.02034	0.00017	139	68	130	3	130	1
20	83.42	88.61	156.66	0.57	0.1630	0.0024	10.6461	0.1781	0.47214	0.00456	2487	30	2493	16	2493	20
21	8.51	17.56	450.84	0.04	0.0554	0.0020	0.1552	0.0053	0.02035	0.00021	432	81	146	5	130	1
22	7.09	147.29	332.39	0.44	0.0461	0.0021	0.1290	0.0059	0.02032	0.00021	400	-291	123	5	130	1

实习报告十四

一、实习计算结果

表 1　锆石 U-Pb 谐和图采用数据

点号					
1					
2					
3					
4					
5					
6					
7					
8					
9					
10					
11					
12					
13					
14					
15					
16					
17					
18					
19					
20					
21					
22					

二、锆石 U-Pb 谐和图

三、分析

附　录

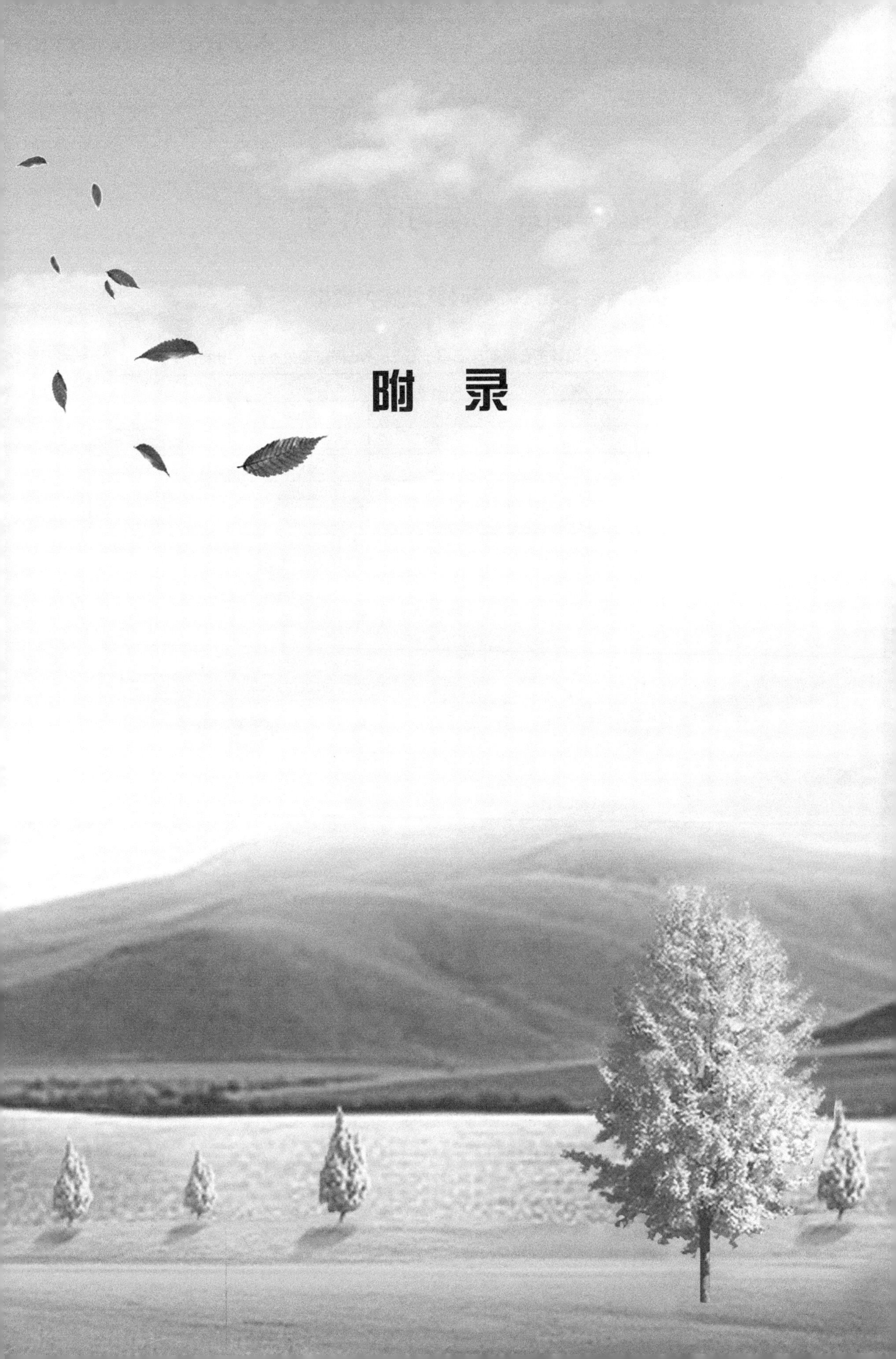

附录 1　实习库 01 号

Sm-Nd 等时线法实习数据

表 1　铜山岭铅锌多金属矿床石榴子石 Sm-Nd 同位素数据分析结果

样品号	Sm (ppm)	Nd (ppm)	$^{147}Sm/^{144}Nd$	$^{143}Nd/^{144}Nd$
TSL-13	0.6108	1.849	0.1999	0.512267
TSL-10-3	0.4662	1.488	0.1896	0.512254
TSL-22-1	0.4412	1.565	0.1706	0.51223
TSL-22-2	1.375	1.774	0.4687	0.512568
TSL-23	1.392	2.212	0.3808	0.512474

（据王云峰等，2017）

附录 2 实习库 02 号

Rb-Sr 等时线法实习数据

表 1　祁雨沟 4 号角砾岩筒黄铁矿 Rb-Sr 分析结果

测试号	Rb (ppm)	Sr (ppm)	$^{87}Rb/^{86}Sr$	$^{87}Sr/^{86}Sr$
1	0.05	0.10	1.334	0.71295
2	0.28	0.22	3.601	0.71647
3	0.01	20.58	0.001	0.71036
4	0.25	0.11	6.672	0.72668
5	0.21	3.77	0.158	0.70998
6	0.01	0.42	0.048	0.71011
7	0.11	1.07	0.300	0.71096
8	0.10	0.42	0.725	0.71216

（据韩以贵等，2007）

附录 3　实习库 03 号

Rb-Sr 等时线法实习数据

表 1　寿王坟铜矿亚样品中黄铜矿黄铁矿及夕卡岩 Rb-Sr 同位素比值和含量测量结果

样品号	Rb (ppm)	Sr (ppm)	$^{87}Rb/^{86}Sr$	$^{86}Sr/^{87}Rb$
1	0.4267	0.2835	4.358	0.713576
2	0.9836	0.6196	4.358	0.713624
3	0.1033	0.8819	0.3393	0.70698
4	0.0401	0.3696	0.3135	0.706739
5	0.0986	1.992	0.1432	0.706623
6	2.875	24.28	0.3427	0.706697
7	1.271	27.62	0.1332	0.706646
8	1.155	24.23	0.1379	0.706249

（据张瑞斌等，2008）

附录 4 实习库 04 号

Sm-Nd 等时线法实习数据

表 1 后长川钨矿床白钨矿 Sm-Nd 同位素数据分析结果

样品号	Sm (ppm)	Nd (ppm)	$^{147}Sm/^{144}Nd$	$^{143}Nd/^{144}Nd$
1	3.0351	11.0195	0.1665	0.512213
2	3.9078	14.3755	0.1643	0.512207
3	7.5055	17.9772	0.2524	0.512437
4	4.8479	10.811	0.2711	0.512486
5	24.3364	58.7544	0.2504	0.512432
6	17.5561	43.5749	0.2436	0.512414

（据王晓地等，2010）

附录 5　实习库 05 号

Rb-Sr 等时线法实习数据

表 1　东天山红石金矿床石英 Rb-Sr 同位素测年分析结果

样品号	Rb (ppm)	Sr (ppm)	$^{87}Rb/^{86}Sr$	$^{87}Sr/^{86}Sr$
TS10122	2.1210	2.0960	2.922	0.72049
TS10123	0.5539	0.7588	2.107	0.71792
TS10124	1.4660	0.8848	4.786	0.72758
TS10125	1.0620	0.9354	3.278	0.72194
TS10126	0.9396	1.2740	2.128	0.71766
TS10127	0.4395	0.5362	2.366	0.71858
TS10129	1.9310	1.7900	3.114	0.72124
TS10130	0.4219	0.7648	1.592	0.71585

（据孙敬博等，2013）

附录6 实习库06号

Sm-Nd 等时线法实习数据

表1 四川牦牛坪稀土矿床碳酸岩 Sm-Nd 同位素数据分析

样品号	Sm (ppm)	Nd (ppm)	$^{147}Sm/^{144}Nd$	$^{143}Nd/^{144}Nd$
MNP-118	13.19	92.39	0.0864	0.512523
MNP-146	52.75	118.9	0.2659	0.512558
MNP-129	43.74	72.26	0.1028	0.512526
MNP-125	56.78	178.4	0.2169	0.512549
MNP-131	49.51	198	0.1405	0.512535
MNP-147	42.89	280.2	0.0951	0.512523

（据胡文洁等，2012）

附录 7　实习库 07 号

Sm-Nd 等时线法实习数据

表 1　玄武岩样品及 BCR-2 标样的 Sm-Nd 同位素分析结果

样品号	$^{147}Sm/^{144}Nd$	$^{143}Nd/^{144}Nd$ （±2σ）	t_{DM} （Ga）	t_{2DM} （Ga）	$\varepsilon Nd(t)$
SNJ25-1f	0.2452	0.513132	−0.09	1.43	2.81
SNJ 25-2f	0.2472	0.513145	−0.02	1.43	2.79
SNJ 25-1c	0.1466	0.512486	1.51	1.29	3.33
SNJ 35-1c	0.1509	0.512511	1.55	1.3	3.26
SNJ 25	0.1516	0.51252	1.54	1.34	4.08
BCR-2	0.1382	0.512636	1.04	0.76	1.08

（据张利国等，2014）

附录 8　实习库 08 号

Re-Os 等时线法实习数据

表 1　新疆梅岭铜矿床浸染状矿石黄铁矿 Re-Os 同位素分析数据

样品号	Re (ppb)	Os (ppb)	$^{187}Re/^{188}Os$	$^{187}Os/^{188}Os$
16HS0104	2424	15.28	5815.45	50.7711
16HS0107	2174	13.67	6244.42	54.9225
16HS0108	2718	26.53	1033.95	8.519
16HS0113	3827	23.32	5314.68	43.9972
16HS0115	2885	18.43	4043.74	33.558

（据赵冰爽等，2018）

附录9　实习库09号

Sm-Nd 等时线法实习数据

表1　戈塘金矿区萤石的 Sm-Nd 含量及同位素数据分析

样品号	Sm (ppm)	Nd (ppm)	$^{147}Sm/^{144}Nd$	$^{143}Nd/^{144}Nd$
萤石1	7.8724	1.5669	3.0375	0.512832
萤石2	6.0723	1.6334	2.2475	0.512641
萤石3	3.0834	1.5444	1.2070	0.512403
萤石4	10.4786	1.5194	4.1695	0.513096
萤石5	5.5819	1.3823	2.4413	0.512692
萤石6	0.8717	1.3694	0.3848	0.512211

（据黄建国等，2012）

附录 10　实习库 10 号

Sm-Nd 等时线法实习数据

表 1　北京西山髫髻山组火山岩全岩 Sm-Nd 同位素测试结果

样品号	Sm（ppm）	Nd（ppm）	$^{147}Sm/^{144}Nd$	$^{143}Nd/^{144}Nd$
T-1	5.15666	35.01391	0.089072	0.511758
T-4	4.65314	28.43594	0.098267	0.511783
T-5	6.24025	38.34768	0.098418	0.511759
T-10	8.78719	34.59898	0.153603	0.511835
T-12	5.30993	85.40007	0.037605	0.511695
T-14	6.89711	35.10954	0.11881	0.511803

（据汪洋等，2001）

附录 11 实习库 11 号

Rb-Sr 等时线法实习数据

表 1 陕西柴蚂金矿床脉状闪锌矿 Rb-Sr 同位素分析结果

样品号	Rb (ppm)	Sr (ppm)	$^{87}Rb/^{86}Sr$	$^{87}Sr/^{86}Sr$
CM-60-1	0.2375	1.246	0.5637	0.712343
CM-60-3	0.1567	2.913	0.1588	0.710904
CM-60-4	0.9361	2.178	1.279	0.714461
CM-40-3	0.6312	0.5124	3.635	0.721387
CM-40-7	0.5437	0.8896	1.804	0.715882
CM-40-8	0.8023	0.3512	6.732	0.730799
CM-69-1	0.7216	0.5314	4.018	0.722489
CM-69-2	1.204	4.703	0.7521	0.712844
CM-69-3	1.376	1.575	2.563	0.718326
CM-83-2	0.8719	0.8109	3.175	0.720014

（据王义天等，2018）

附录 12   实习库 12 号

Rb-Sr 等时线法实习数据

表 1   徐山钨铜矿床白云母 Rb-Sr 同位素测试结果

样品号	Rb (ppm)	Sr (ppm)	$^{87}Rb/^{86}Sr$	$^{87}Sr/^{86}Sr$
Xs-11-1	1308.4	11.2	369.7	1.623
Xs-11-2	1420.2	8.7	521.6	1.936
Xs-11-3	1439.7	7.5	628.4	2.149
Xs-11-4	1331.1	8.2	534.1	1.967
Xs-11-5	1451.1	7.1	684.4	2.286
Xs-11-6	1431.1	6.1	819.8	2.569

（据李光来等，2011）

附录 13　实习库 13 号

Rb-Sr 等时线法实习数据

表 1　湘西打狗洞闪锌矿床中闪锌矿 Rb-Sr 同位素测量结果

样品号	Rb (ppm)	Sr (ppm)	$^{87}Rb/^{86}Sr$	$^{87}Sr/^{86}Sr$
DG-1	0.2434	9.622	0.07294	0.71002
DG-2	0.4599	13.14	0.101	0.71021
DG-4b2	0.4593	14.9	0.08891	0.71013
DG-4b1	0.3884	5.749	0.1948	0.71086
DG-5	0.3152	4.316	0.2106	0.71095
DG-8	0.2473	5.684	0.1255	0.7104
DG-2	0.3478	3.145	0.2938	0.71151

（据杜国民等，2012）

附录 14 实习库 14 号

Rb-Sr 等时线法实习数据

表 1 乌拉铅锌银矿床闪锌矿和黄铁矿 Rb-Sr 同位素数据

样品号	Rb (ppm)	Sr (ppm)	$^{87}Rb/^{86}Sr$	$^{87}Sr/^{86}Sr$
NJ9-3	2.439	1.428	2.069	0.716972
NJ9-4	3.487	1.753	5.862	0.724464
NJ9-5	4.012	1.625	7.281	0.727566
NJ9-6	4.307	3.813	3.336	0.719333
NJ9-6	0.1572	6.436	0.0723	0.712823
NJ9-7	2.521	1.902	3.908	0.720578
NJ9-7	0.1034	2.231	0.1367	0.712962
NJ9-9	4.982	1.301	11.29	0.735598
NJ9-9	7.367	2.942	7.384	0.727391
NJ9-10	3.891	4.106	2.861	0.718462
NJ9-11	2.954	1.983	4.396	0.721609
NJ9-12	4.807	1.536	9.231	0.731475
NJ9-52	1.952	7.148	0.8056	0.714279

（据李铁刚等，2014）

附录 15 实习库 15 号

Sm-Nd 等时线法实习数据

表 1 金川含矿祖铁镁岩的 Sm-Nd 同位素测量结果

样品号	等时线样品点	Sm (ppm)	Nd (ppm)	$^{147}Sm/^{144}Nd$	$^{143}Nd/^{144}Nd$
JA-9	TR	0.6211	2.948	0.127	0.5118
	PY (G)	1.984	7.658	0.1562	0.512095
J11-50	TR	1.584	0.322	0.1217	0.511761
	PY (G)	2.66	10.37	0.155	0.512039
	PY (B)	2.496	10.31	0.1466	0.511948
J11-66	TR	1.886	8.317	0.1366	0.511859
	PY (G)	2.607	10.24	0.154	0.512032
	PY (B)	1.537	6.778	0.1366	0.51186
J11-50	TR	3.627	13.73	0.1598	0.512091
	PY (G)	2.511	10.12	0.1477	0.511955
J11-66	AWPY	2.461	9.921	0.1553	0.512004

（据汤中立，1992）

附录 16 实习库 16 号

Sm-Nd 等时线法实习数据

表 1 方解石 Sm-Nd 同位素分析结果

样品号	Sm (ppm)	Nd (ppm)	$^{143}Sm/^{144}Nd$	$^{143}Nd/^{144}Nd$
CTB-38	1.8119	8.092	0.1354	0.512227
CTB-54	3.3103	7.0302	0.2847	0.512337
CTB-66	1.2752	4.8428	0.1592	0.512247
CTB-67	3.4818	15.3478	0.1371	0.51223
CTB-68	3.3093	12.1162	0.1651	0.512251
CTB-69	18.694	55.9509	0.202	0.512278
CTB-70	2.06	8.377	0.1487	0.51224
CTB-71	2.6416	12.184	0.1311	0.512224

（据陈恒等，2012）

附录 17　实习库 17 号

Rb-Sr 等时线法实习数据

表 1　玲珑金矿矿区脉矿化绢英岩 Rb-Sr 等时线数据表

样品号	Rb（ppm）	Sr（ppm）	$^{87}Rb/^{84}Sr$	$^{87}Sr/^{86}Sr$
LET06	253.682	6.54	113.878	0.88608
LET04D	283.411	35.07	23.5853	0.745402
LET04B	235.634	44.13	15.4572	0.734222
LET04C	188.439	94.41	5.7701	0.719927
LET03A	773.156	52.99	3.9902	0.717272
LET04E	223.004	310.55	2.0753	0.715094
LET04A	165.572	341.46	1.4010	0.713996
LET02A	167.225	362.41	1.3332	0.714600

（据张振海等，1993）

附录 18 实习库 18 号

Rb-Sr 等时线法实习数据

表 1 姑子沟银多金属矿床黄铁矿、闪锌矿 Rb-Sr 同位素组成

样品号	Rb（ppm）	Sr（ppm）	$^{87}Rb/^{86}Sr$	$^{87}Sr/^{86}Sr$
YT1	8.315	8.302	2.954	0.716352
YT2	0.8231	3.275	0.741	0.713285
YT3	7.656	5.164	4.372	0.718536
YT4	2.008	6.023	0.982	0.713637

（据王建等，2014）

附录 19 实习库 19 号

Rb-Sr 等时线法实习数据

表 1 塘边铅锌矿区 Rb-Sr 同位素分析结果

样品号	Rb (ppm)	Sr (ppm)	$^{87}Rb/^{86}Sr$	$^{87}Sr/^{86}Sr$
BK-TB13-7	0.3427	2.801	0.3529	0.71198
BK-TB13-12	0.3493	1.021	0.9874	0.71622
BK-TB13-14	0.6956	1.879	1.068	0.71683
BK-TB13-15	0.2684	1.736	0.4464	0.71260
BK-TB13-16	0.4763	1.158	1.187	0.71767
BK-TB13-17	0.4900	1.257	1.125	0.71721

（据于玉帅等，2017）

附录 20　实习库 20 号

Rb-Sr 等时线法实习数据

表 1　凹子岗矿床淡绿色闪锌矿 Rb-Sr 同位素分析结果

样品号	Rb (ppm)	Sr (ppm)	$^{87}Rb/^{86}Sr$	$^{87}Sr/^{86}Sr$
Z-1	0.2433	1.033	0.6795	0.71542
Z-2	0.2210	0.724	0.8806	0.71663
Z-3	0.2219	1.074	0.5961	0.71488
Z-4	0.2451	0.887	0.7974	0.71610
Z-5	0.2374	0.732	0.9363	0.71699
Z-6	0.2321	0.746	0.8974	0.71673
Z-7	0.2413	1.334	0.5217	0.71440

（据曹亮等，2015）

附录 21　实习库 21 号

Rb-Sr 等时线法实习数据

表 1　八家子金矿床黄铁矿 Rb-Sr 同位素分析结果

样品号	Rb（ppm）	Sr（ppm）	$^{87}Rb/^{86}Sr$	$^{87}Sr/^{86}Sr$
JB-1	0.2813	1.938	0.4287	0.711862
JB-2	0.4972	5.453	0.2693	0.711308
JB-3	0.8304	0.8554	2.864	0.719429
JB-12	0.6349	0.3325	5.634	0.727953
JB-14	0.1536	2.407	0.1882	0.710945
JB-16	0.7234	0.6028	3.549	0.721537
JB-21	0.2385	7.024	0.1023	0.710809
JB-22	0.4157	0.7942	1.545	0.715317

（据刘军等，2018）

附录 22　实习库 22 号

Rb-Sr 等时线法实习数据

表 1　湘东北钠质煌斑 Rb-Sr 同素组成

样品号	Rb (ppm)	Sr (ppm)	$^{87}Rb/^{86}Sr$	$^{87}Sr/^{86}Sr$
Jg2	45.280	474.000	0.275700	0.705898
Jg3	63.370	462.900	0.395300	0.706070
Jg5	50.100	896.300	0.161400	0.705647
Jg6	13.540	807.700	0.048380	0.705411

（据贾大成等，2003）

附录 23　实习库 23 号

Sm-Nd 等时线法实习数据

表 1　湘东北钠质煌斑 Sm-Nd 同素组成

样品号	Sm (ppm)	Nd (ppm)	$^{147}Sm/^{144}Nd$	$^{143}Nd/^{144}Nd$
Jg2	11.6000	62.190	0.11290	0.512765
Jg3	12.6100	62.600	0.12190	0.512749
Jg5	11.9000	60.580	0.11680	0.512768
Jg6	12.4200	63.100	0.12060	0.512752

（据贾大成等，2003）

附录 24　实习库 24 号

Rb-Sr 等时线法实习数据

表 1　西藏邦铺矽卡岩矿区黄铁矿、闪锌矿 Rb-Sr 同位素分析结果

样品号	Rb (ppm)	Sr (ppm)	$^{87}Rb/^{86}Sr$	$^{87}Sr/^{86}Sr$
BP12-20-1	2.015	1.829	3.256	0.714663
BP12-20-5	0.196	2.453	0.235	0.714011
BP12-21-3	1.986	0.742	7.903	0.715539
BP12-21-7	0.154	0.882	0.515	0.714088
BP12-21-8	0.971	1.212	2.357	0.714445
BP12-22-1	0.484	1.593	0.893	0.714093
BP12-22-5	1.527	0.937	4.812	0.714996
BP12-22-6	1.896	5.703	5.703	0.715092
BP12-23-4	0.943	1.825	1.825	0.714356
BP12-23-5-2	1.635	6.147	6.147	0.715127

（据赵晓燕等，2015）

附录 25 实习库 25 号

Lu-Hf 等时线法实习数据

表 1 雄店榴辉岩的 Lu-Hf 同位素数据

样品号	Lu (ppm)	Hf (ppm)	$^{176}Lu/^{177}Hf$	$^{176}Hf/^{177}Hf$
bombWR	0.242	2.2	0.0156	0.282435
savWR	0.193	0.362	0.0756	0.283216
Grt1	0.917	0.113	1.148	0.288512
Grt2	0.927	0.11	1.201	0.288973
Grt3	0.904	0.131	0.9765	0.287722
Omp1	0.007	0.448	0.0023	0.282892
Omp2	0.007	0.448	0.0023	0.282773

（据 Cheng et al.，2009）

附录 26　实习库 26 号

稀土元素分析实习数据

表 1　黑岱沟露天矿煤中稀土元素含量（单位：ppm）

样品号	ZG6-1	ZG6-2	ZG6-3-1	ZG6-3-2	ZG6-4-1	ZG6-4-2	ZG6-5	ZG6-6	ZG6-7
La	20.1	172	69.92	58.23	59.46	80.62	16.1	66	50.8
Ce	30	230.0	138.4	105.5	108.2	130.2	23	101	96.40
Pr	2.35	21.45	14.16	11.3	11.56	11.41	0.37	10.35	10.71
Nd	15.2	83.8	45.75	36.2	37.96	50.21	9.70	42.00	33
Sm	3.25	16.5	8.04	6.18	6.73	602	1.90	10.3	8.4
Eu	0.48	2.3	1.18	0.92	0.96	1.48	0.26	2.1	1.4
Gd	0.95	10.21	7.05	5.95	6.2	6.87	0.72	5.43	4.7
Tb	0.65	2.57	1.10	0.86	0.91	1.10	0.27	1.35	1.9
Dy	1.31	6.9	5.59	4.17	4.73	5.41	0.2	4.33	0.35
Ho	0.22	2.34	1.02	0.84	0.83	0.76	0.21	0.72	0.19
Er	0.78	4.18	3.15	2.48	2.56	3.46	0.54	1.96	0.22
Tm	0.21	0.73	0.49	0.37	0.41	0.35	0.23	0.41	0.33
Yb	2.52	5.3	3.03	2.36	2.49	3.67	0.92	2.78	2.5
Lu	0.3	0.82	0.47	0.38	0.39	0.66	0.15	0.37	0.36

（据刘大锐等，2018）

附录 27 实习库 27 号

稀土元素分析实习数据

表 1 川东北杨坝剖面筇竹寺组稀土元素含量（单位：ppm）

样品号	La	Ce	Pr	Nd	Sm	Eu	Gd	Tb	Dy	Ho	Er	Tm	Yb	Lu
1	30.7	55.3	6.65	22.90	3.83	0.85	3.43	0.51	3.17	0.64	1.84	0.27	1.90	0.32
2	29.9	53.7	6.56	23.00	4.24	0.86	3.63	0.55	3.33	0.70	1.89	0.27	1.90	0.29
3	30.3	58.5	7.20	25.00	4.52	0.93	3.93	0.61	3.59	0.74	2.10	0.30	2.01	0.33
4	25.7	45.2	5.40	17.90	3.15	0.74	2.66	0.42	2.51	0.53	1.51	0.24	1.62	0.26
5	30.0	54.7	6.84	24.30	4.66	0.98	3.86	0.56	3.22	0.61	1.69	0.26	1.76	0.26
6	37.7	73.5	8.96	31.90	5.49	1.14	4.25	0.62	3.59	0.74	2.03	0.31	2.04	0.34
7	29.1	59.0	7.05	26.10	5.07	1.10	4.42	0.68	3.82	0.75	2.06	0.30	1.94	0.30
8	27.6	56.5	7.17	26.70	5.64	1.13	5.05	0.75	4.29	0.83	2.10	0.33	2.05	0.30
9	27.0	53.0	6.42	23.10	4.49	1.00	4.02	0.61	3.58	0.73	1.97	0.30	1.95	0.30
10	34.6	69.5	8.46	31.50	6.20	1.34	5.39	0.80	4.51	0.87	2.42	0.36	2.26	0.36
11	32.0	62.3	7.98	29.00	5.69	1.27	5.24	0.79	4.62	0.92	2.40	0.34	2.27	0.34
12	24.8	48.1	6.04	21.80	4.26	0.91	3.68	0.57	3.29	0.67	1.85	0.27	1.71	0.28
13	33.6	66.9	8.46	30.80	6.08	1.17	5.26	0.85	4.91	1.01	2.78	0.40	2.72	0.42
14	32.1	63.9	7.74	27.90	5.41	1.07	5.00	0.77	4.69	0.92	2.50	0.39	2.60	0.38
15	31.5	61.2	7.84	29.00	5.92	1.29	5.43	0.84	4.98	1.01	2.74	0.41	2.57	0.41
16	28.9	57.1	7.26	27.10	5.44	1.10	5.08	0.78	4.79	0.94	2.52	0.37	2.53	0.38
17	26.2	52.4	6.79	25.60	5.19	1.20	5.02	0.77	4.61	0.91	2.50	0.35	2.29	0.35
18	33.4	61.5	7.57	27.00	5.10	1.06	4.87	0.77	4.67	0.98	2.71	0.42	2.78	0.43

（据曹婷婷等，2018）

附录 28 实习库 28 号

稀土元素分析实习数据

表 1 东天山觉罗塔格雅满苏花岗岩稀土元素分析数据（单位：ppm）

样品号	La	Ce	Pr	Nd	Sm	Eu	Gd	Tb	Dy	Ho	Er	Tm	Yb	Lu
YH1-1	35.80	58.10	5.56	18.40	2.85	0.57	2.47	0.41	2.14	0.43	1.35	0.23	1.63	0.28
YH1-2	35.80	60.90	5.28	16.40	2.40	0.54	2.14	0.34	1.80	0.35	1.15	0.20	1.45	0.24
YH1-3	23.70	35.40	3.05	9.29	1.41	0.32	1.17	0.17	0.91	0.17	0.52	0.09	0.66	0.12
YH1-4	29.40	49.80	5.22	18.50	3.05	0.67	2.49	0.40	2.07	0.38	1.17	0.18	1.23	0.20
YH1-5	31.00	51.80	5.05	16.50	2.47	0.55	2.08	0.33	1.57	0.30	0.91	0.14	0.96	0.15
YH2-1	13.70	22.50	1.54	4.45	0.74	0.16	0.85	0.10	0.53	0.12	0.42	0.08	0.54	0.09
YH2-1	28.20	40.80	4.14	13.00	2.16	0.43	2.15	0.26	1.17	0.23	0.77	0.11	0.72	0.11
YH2-3	15.60	25.50	2.28	7.54	1.39	0.30	1.33	0.18	0.86	0.18	0.58	0.10	0.74	0.13
YH2-4	17.70	28.10	2.06	6.05	1.09	0.20	1.13	0.15	0.76	0.16	0.54	0.09	0.66	0.11
YH3-1	17.80	23.60	1.82	4.87	0.76	0.12	0.99	0.11	0.60	0.14	0.50	0.10	0.81	0.16
YH3-2	11.50	19.50	1.28	3.39	0.53	0.10	0.67	0.08	0.44	0.10	0.39	0.09	0.70	0.14
YH3-3	22.10	26.80	1.28	2.86	0.36	0.08	0.69	0.06	0.28	0.07	0.25	0.05	0.38	0.08
YH3-4	21.40	25.00	1.41	2.99	0.38	0.06	0.67	0.05	0.23	0.05	0.21	0.04	0.36	0.08

（据赵宏刚等，2018）

附录 29　实习库 29 号

稀土元素分析实习数据

表 1　拉拉 IOCG 矿床辉钼矿 REE 组成（单位：ppm）

样品号	L-25	L-26	LO-191	LO-193	LO-132	LO-134	LO-97	LO-116
La	83.16	79.44	71.37	66.87	58.83	46.46	20.47	23.54
Ce	137.72	141.56	127.22	125.69	85.13	68.03	30.29	35.79
Pr	20.35	18.89	16.33	15.57	9.85	9.13	7.34	7.24
Nd	61.55	69.34	56.87	55.61	30.01	25.94	11.80	12.88
Sm	12.07	13.31	10.40	9.69	4.13	3.92	1.77	1.51
Eu	2.25	2.98	2.02	1.97	2.63	2.51	1.14	0.97
Gd	11.61	12.86	9.90	8.56	3.77	3.59	1.86	1.41
Tb	2.18	2.14	1.10	1.93	0.56	0.51	0.33	0.19
Dy	10.91	11.22	8.57	7.59	1.95	2.74	1.66	0.89
Ho	2.22	2.35	1.98	1.6	0.35	0.49	0.36	0.16
Er	5.35	5.18	4.57	3.47	0.74	1.78	0.76	0.38
Tm	0.69	0.79	0.54	0.35	0.09	0.17	0.10	0.06
Yb	3.42	3.38	2.59	1.82	0.44	0.80	0.50	0.39
Lu	0.37	0.39	0.29	0.22	0.06	0.09	0.06	0.06
Y	57.14	59.35	49.57	44.24	7.58	10.33	6.97	3.42

（据刘晓文等，2018）

附录 30 实习库 30 号

稀土元素分析实习数据

表 1 乌妥花岗岩体稀土元素分析结果（单位：ppm）

样品号	La	Ce	Pr	Nd	Sm	Eu	Gd	Tb	Dy	Ho	Er	Tm	Yb	Lu
WT46	24.40	51.10	6.09	22.50	4.70	0.21	4.47	0.80	4.34	0.84	2.71	0.43	2.77	0.45
WT47	31.10	65.60	8.19	31.20	6.85	0.34	5.82	1.08	6.17	1.16	3.49	0.52	3.07	0.47
WT48	28.90	56.70	6.80	25.00	5.38	0.38	4.70	0.95	5.42	1.09	3.38	0.59	3.47	0.55
WT49	34.50	68.00	7.24	26.10	4.99	0.79	4.13	0.78	4.47	0.89	2.76	0.44	3.03	0.50
WT50/1	43.20	81.00	9.11	31.70	5.63	0.80	4.41	0.80	4.93	1.01	3.25	0.55	3.89	0.65
WT50/2	38.20	68.50	7.66	27.10	4.93	0.78	4.20	0.81	4.63	0.92	2.91	0.53	3.23	0.54
WT51	34.90	67.30	7.19	25.70	4.57	0.92	3.79	0.74	4.31	0.88	2.79	0.48	3.11	0.50
WT52	22.90	55.40	5.14	19.40	3.66	0.89	3.34	0.61	3.60	0.70	2.02	0.33	2.21	0.36
WT53	19.30	40.40	4.46	17.20	3.31	0.84	3.09	0.61	3.37	0.69	2.10	0.32	2.22	0.36
WT54	28.30	56.10	6.02	22.00	4.17	0.94	3.27	0.59	3.64	0.68	2.21	0.34	2.34	0.40
WT55	23.00	44.80	4.77	18.40	3.45	0.80	2.98	0.56	3.16	0.61	1.94	0.35	2.25	0.39
WT56	33.90	61.70	6.33	22.30	3.91	0.89	3.44	0.63	3.68	0.70	2.08	0.31	2.12	0.38
WT57	29.90	55.20	6.08	21.60	3.83	0.98	3.41	0.61	3.27	0.62	1.90	0.33	2.33	0.38
WT58	38.70	66.90	7.10	24.40	3.82	0.99	3.24	0.61	3.18	0.61	1.91	0.32	1.90	0.34
WT59	36.50	64.20	6.89	24.10	3.88	0.91	3.61	0.63	3.31	0.63	1.90	0.30	2.15	0.35
WT60	29.80	61.20	5.42	20.20	3.81	0.93	3.22	0.59	3.37	0.67	2.10	0.35	2.21	0.36

（据李瑞保等，2018）

附录 31 实习库 31 号

稀土元素分析实习数据

表 1 漕涧复式花岗岩体晚白垩世花岗岩全岩稀土元素分析结果（单位：ppm）

样品号	PM006-34-2	PM006-37-1	PM006-39-1	PM006-47-1	PM006-48-2	PM06-62-1	PM06-72-1
Y	12.80	27.20	31.50	16.60	15.20	14.10	11.60
La	29.60	17.60	21.00	35.00	57.70	56.00	42.00
Ce	60.90	35.10	43.40	73.00	103.00	107.00	72.60
Pr	7.58	4.60	5.37	9.26	11.00	12.30	9.63
Nd	28.50	17.70	19.80	34.90	35.90	43.60	33.40
Sm	6.84	4.19	4.67	8.23	5.02	8.64	6.54
Eu	0.62	0.49	0.43	0.84	0.93	0.92	0.83
Gd	5.94	4.14	4.58	7.02	4.80	7.18	5.43
Tb	0.91	0.86	0.97	1.06	0.69	0.99	0.72
Dy	3.72	5.28	6.01	4.59	3.41	4.03	2.90
Ho	0.49	0.95	1.10	0.65	0.56	0.58	0.41
Er	1.07	2.56	2.91	1.53	1.45	1.27	0.92
Tm	0.11	0.34	0.39	0.16	0.17	0.13	0.09
Yb	0.67	2.05	2.27	0.94	0.93	0.74	0.50
Lu	0.09	0.28	0.31	0.1	0.13	0.09	0.07

（据孙柏东等，2018）

附录 32　实习库 32 号

稀土元素分析实习数据

表 1　斑状花岗闪长岩稀土元素含量（单位：ppm）

样品号	YQ21	YQ24	YQ25	YQ26	YQ27	YQ28	YQ32	YQ39	P2YQ2	P2YQ3	P2YQ4	P2YQ5	P3YQ1
La	15.44	17.34	16.59	17.35	19.57	14.58	20.28	9.77	17.33	17.43	19.04	13.02	16.04
Ce	31.45	39.94	39.10	41.62	46.48	36.34	44.94	21.42	35.41	37.89	41.43	27.23	34.75
Pr	3.25	4.80	4.63	4.80	5.46	4.29	4.99	2.58	3.76	4.19	4.25	3.19	4.04
Nd	12.16	20.23	19.99	20.52	22.62	18.53	19.05	10.88	13.98	16.28	16.42	12.85	16.08
Sm	2.46	4.71	4.59	4.85	5.21	4.37	3.89	2.50	2.84	3.46	3.33	2.82	3.56
Eu	0.79	1.13	1.22	1.10	1.12	1.05	1.22	0.82	0.82	0.88	0.82	0.82	0.81
Gd	2.41	4.19	4.11	4.37	4.75	3.89	3.40	2.29	2.72	3.15	3.06	2.66	3.32
Tb	0.42	0.88	0.83	0.86	0.94	0.81	0.62	0.47	0.48	0.59	0.54	0.50	0.63
Dy	2.52	5.49	5.27	5.39	5.92	5.19	3.58	3.06	3.00	3.65	3.26	3.08	3.96
Ho	0.50	1.09	1.04	1.04	1.18	1.04	0.70	0.63	0.59	0.72	0.65	0.61	0.77
Er	1.45	3.21	2.86	3.04	3.31	2.84	1.95	1.81	1.72	2.06	1.89	1.75	2.24
Tm	0.26	0.54	0.48	0.51	0.56	0.49	0.34	0.32	0.30	0.35	0.32	0.30	0.39
Yb	1.65	3.37	3.04	3.23	3.51	3.13	2.19	2.10	1.93	2.33	2.07	1.91	2.37
Lu	0.28	0.57	0.51	0.53	0.60	0.52	0.37	0.36	0.34	0.40	0.36	0.33	0.39
Y	14.33	31.33	31.76	31.86	33.04	29.16	20.91	16.86	17.52	21.59	19.24	18.19	22.39

（据程海峰等，2018）

附录 33 实习库 33 号

稀土元素分析实习数据

表 1 个旧白云山碱性岩稀土元素分析结果（单位：ppm）

样品号	GJ-01	GJ-02	GJ-03	GJ-04	LY-01	GJ-05	GJ-06	GJ-07	AD-01	AD-02	AD-03
La	236.10	232.40	230.70	126.00	203.50	277.10	295.70	356.10	323.70	274.20	305.00
Ce	377.50	379.50	376.00	200.80	288.50	388.90	421.40	509.80	482.60	387.40	503.20
Pr	40.13	39.58	39.24	18.91	24.93	31.83	33.98	41.61	41.67	32.59	44.91
Nd	126.10	123.40	123.40	57.80	71.15	82.00	85.87	107.00	115.00	87.57	130.50
Sm	16.72	16.26	16.15	7.33	7.49	7.75	8.10	11.11	12.85	9.36	15.93
Eu	2.99	2.92	2.90	1.54	1.71	1.58	1.65	2.35	2.68	1.98	3.40
Gd	12.25	11.97	12.03	5.66	6.36	7.48	7.75	10.41	11.86	8.19	13.28
Tb	1.42	1.39	1.37	0.64	0.59	0.67	0.70	1.06	1.11	0.81	1.53
Dy	6.64	6.44	6.51	3.11	2.74	3.33	3.45	5.46	5.40	3.81	7.91
Ho	1.19	1.17	1.16	0.60	0.52	0.71	0.74	1.19	1.09	0.76	1.63
Er	2.93	2.87	2.88	1.60	1.44	2.39	2.44	3.75	3.09	2.21	4.89
Tm	0.41	0.40	0.40	0.25	0.23	0.44	0.45	0.66	0.50	0.36	0.83
Yb	2.64	2.58	2.60	1.66	1.64	3.49	3.55	5.07	3.50	2.51	6.10
Lu	0.40	0.38	0.39	0.26	0.26	0.61	0.63	0.85	0.53	0.39	0.95

（据黄文龙等，2018）

附录34　实习库34号

稀土元素分析实习数据

表1　安南坝地区镁铁质麻粒岩稀土元素分析结果（单位：ppm）

样品号	Pm023-18-1	Pm023-18-2	Pm023-18-3	Pm023-18-4	Pm023-18-5	Pm023-18-6
La	4.81	4.57	4.68	6.24	4.98	5.03
Ce	11.02	10.80	11.60	14.40	11.90	12.50
Pr	1.78	1.50	1.76	1.86	1.66	1.83
Nd	9.85	8.79	8.81	8.94	8.60	7.47
Sm	2.77	2.52	2.46	2.48	2.43	2.15
Eu	0.86	0.69	0.84	0.80	0.82	0.88
Gd	2.50	2.01	2.95	2.87	2.53	3.30
Tb	0.46	0.35	0.54	0.50	0.43	0.56
Dy	3.15	2.31	3.56	3.46	2.82	3.72
Ho	0.71	0.49	0.76	0.70	0.61	0.78
Er	2.23	1.43	2.18	2.09	1.72	2.23
Tm	0.30	0.22	0.33	0.31	0.26	0.34
Yb	1.51	1.46	2.05	1.92	1.67	2.20
Lu	0.25	0.23	0.32	0.29	0.26	0.34

（据辜平阳等，2018）

附录 35　实习库 35 号

稀土元素分析实习数据

表 1　剖面稀土元素含量（单位：ppm）

样品号	ND-3	ND-5	ND-7	ND-10	ND-11	YK-3	YK-5	YK-7	YK-10	YK-11	PAAS
La	85.6	84.30	73.2	88.8	4.93	75.6	82.8	79.9	85.4	0.56	38
Ce	206	206	163	123	4.95	178	194	161	173	0.94	80
Pr	28.9	24.2	19.7	25.5	1.17	26.2	27.2	27.9	27.4	0.12	8.9
Nd	94.4	89.6	69.5	104	4.40	115	118	111	106	0.50	32
Sm	16.2	16.2	13.9	24.7	0.92	25	25.5	23.1	22.5	0.11	5.6
Eu	3.59	3.09	3.02	5.4	0.18	5.3	5.31	5.31	4.61	0.02	1.1
Gd	17.2	15.8	14.3	25.8	0.86	25.5	28	2.5	21.7	0.11	4.7
Tb	2.97	3.05	2.64	5.67	0.14	4.72	5.24	4.54	4.07	0.02	0.77
Dy	18.5	17.5	16.8	35.8	0.86	25.70	29.8	27.9	23.4	0.12	4.4
Ho	4.07	3.74	3.41	7.56	0.19	5.75	6.57	5.9	4.99	0.03	1
Er	10.5	9.85	10.2	21.3	0.42	14.80	17.3	14.4	12.8	0.08	2.9
Tm	1.71	1.84	1.60	3.37	0.07	2.26	2.36	2.18	1.87	0.01	0.4
Yb	11.6	12	11	23.2	0.44	15.50	16.1	14.2	14.1	0.08	2.8
Lu	1.56	1.6	1.42	3.17	0.057	2.15	2.16	2.07	1.78	0.01	0.43

（据张坤等，2018）

附录 36 实习库 36 号

稀土元素分析实习数据

表 1 铜绿山矿区石英二长闪长岩和石英二长闪长玢岩的稀土元素分析结果（单位：ppm）

样品号	La	Ce	Pr	Nd	Sm	Eu	Gd	Tb	Dy	Ho	Er	Tm	Yb	Lu
ZK406-115	55.4	104	10.9	39.6	6.78	1.89	4.58	0.58	3.2	0.61	1.66	0.25	1.55	0.24
ZK803-04	51.8	95.6	9.9	35.4	5.81	1.68	4.02	0.54	3.02	0.57	1.45	0.22	1.39	0.22
ZK1203-39	52.6	98.3	10.2	36.1	5.8	1.74	4.15	0.55	2.93	0.54	1.45	0.22	1.39	0.23
ZK2705-140	45.4	85.3	8.4	31.5	4.93	1.41	3.75	0.46	2.38	0.42	1.16	0.17	1.11	0.18
ZK408-71	42.4	86.1	8.91	33.7	5.53	1.6	4.09	0.49	2.70	0.5	1.37	0.21	1.29	0.21
ZK2705-137B	43.3	80.6	7.83	29.5	4.49	1.3	3.36	0.41	2.24	0.4	1.08	0.16	1.02	0.18
ZK006-122	41.2	74.3	7.27	26.7	3.93	1.12	2.97	0.33	1.68	0.31	0.86	0.12	0.8	0.13

（据张世涛等，2018）

附录 37 实习库 37 号

稀土元素分析实习数据

表 1 甲基卡二云母花岗岩及伟晶岩岩石稀土元素分析结果（单位：ppm）

样品号	La	Ce	Pr	Nd	Sm	Eu	Gd	Tb	Dy	Ho	Er	Tm	Yb	Lu
23HQ	6.34	10.30	1.78	7.43	1.72	0.36	1.97	0.37	1.72	0.23	0.50	0.07	0.32	0.05
25HQ	7.02	11.40	1.92	6.78	1.80	0.36	2.19	0.43	2.12	0.32	0.61	0.08	0.45	0.07
26HQ	7.15	10.80	1.67	6.05	1.76	0.28	2.02	0.40	1.85	0.24	0.47	0.06	0.31	0.04
31HQ	5.67	9.15	1.48	6.71	1.75	0.36	2.07	0.43	2.10	0.28	0.64	0.08	0.40	0.06
32HQ	7.71	13.20	2.13	8.27	1.97	0.39	2.14	0.43	2.24	0.31	0.70	0.08	0.40	0.07
34HQ	8.49	13.30	2.08	8.68	2.21	0.44	2.54	0.46	2.19	0.28	0.53	0.07	0.35	0.05
35HQ	7.62	13.1	2.07	8.63	2.23	0.52	2.27	0.4	1.77	0.19	0.37	0.05	0.23	0.05
40HQ	8.29	13.0	1.90	9.06	2.24	0.43	2.35	0.42	1.85	0.21	0.42	0.05	0.24	0.04
2HQ	1.12	1.39	0.19	0.82	0.13	0.03	0.12	0.02	0.11	0.02	0.04	0.01	0.02	0.01
16HQ	0.83	1.26	0.18	0.69	0.28	0.02	0.37	0.12	0.54	0.05	0.09	0.01	0.06	0.01
27HQ	1.64	1.95	0.25	0.9	0.19	0.03	0.23	0.05	0.26	0.03	0.06	0.01	0.05	0.01
33HQ	1.68	2.67	0.4	1.11	0.47	0.03	0.53	0.15	0.75	0.10	0.19	0.03	0.17	0.02
45HQ	1.29	1.8	0.24	0.86	0.29	0.02	0.48	0.14	0.56	0.05	0.09	0.01	0.04	0.01

（据李名则等，2018）

附录 38　实习库 38 号

稀土元素分析实习数据

表 1　云蒙山地区各个岩体微量元素含量（单位：ppm）

样品号	La	Ce	Pr	Nd	Sm	Eu	Gd	Tb	Dy	Ho	Er	Tm	Yb	Lu
GJ051	37.8	78.8	9.05	35.4	5.63	1.55	4.57	0.56	2.97	0.54	1.48	0.19	1.24	0.19
GJ052	38.7	79.4	9.20	34.2	5.95	1.56	4.52	0.59	3.12	0.53	1.45	0.20	1.33	0.20
GJ053	40.3	81.8	8.98	35.2	5.77	1.46	4.58	0.57	3.00	0.50	1.42	0.21	1.30	0.21
GJ011	45.2	84.2	8.96	32.0	4.43	1.21	3.16	0.39	1.87	0.31	0.93	0.13	0.87	0.12
GJ012	45.2	81.0	8.51	29.2	4.37	1.05	2.94	0.37	1.85	0.32	0.83	0.13	0.75	0.12
GJ021	28.6	55.1	6.14	21.9	3.51	1.03	2.69	0.34	1.73	0.30	0.80	0.12	0.70	0.12
GJ022	39.7	77.5	9.11	34.5	5.74	1.66	4.42	0.56	2.88	0.45	1.34	0.2	1.26	0.17
GJ071	41.6	77.1	7.99	26.6	3.29	0.98	2.28	0.27	1.32	0.20	0.59	0.07	0.56	0.08
GJ072	38.8	71.7	7.10	23.5	3.11	0.81	1.99	0.24	1.14	0.16	0.51	0.07	0.57	0.08
GJ081	13.5	36.0	3.13	10.7	1.83	0.49	1.57	0.20	1.13	0.20	0.57	0.08	0.58	0.08
GJ082	8.9	35.8	1.78	6.2	0.90	0.37	0.82	0.12	0.64	0.11	0.41	0.07	0.38	0.05
GJ031	6.4	12.2	1.41	4.6	0.73	0.16	0.53	0.06	0.32	0.04	0.18	0.02	0.22	0.03
GJ032	5.7	11.7	1.19	3.9	0.59	0.14	0.41	0.05	0.35	0.05	0.14	0.02	0.21	0.04

（据康月蓝和石玉若，2018）

附录 39   实习库 39 号

稀土元素分析实习数据

表 1   亚布努马地区花岗斑岩样品稀土元素分析结果（单位：ppm）

样品号	N16T18H1	N16T18H2	N16T18H4	N16T18H5
La	15.31	5.23	21.10	26.68
Ce	32.30	10.74	42.60	53.36
Pr	3.6860	1.3616	4.4560	5.6740
Nd	13.824	5.226	15.550	19.980
Sm	2.9700	1.2528	3.2420	3.6900
Eu	0.5246	0.2880	0.2394	0.3664
Gd	3.1720	1.3784	3.2700	3.5420
Tb	0.5824	0.2774	0.6180	0.6174
Dy	4.2040	2.0520	4.4440	4.2480
Ho	0.8722	0.4176	0.8974	0.8616
Er	2.6900	1.3512	2.7640	2.6620
Tm	0.4194	0.2304	0.4424	0.4218
Yb	2.8440	1.7374	3.1480	3.0520
Lu	0.3740	0.2498	0.4342	0.4360

（据李航等，2018）

附录40 实习库40号

稀土元素分析实习数据

表1 菜子园蛇绿岩稀土元素分析结果（单位：ppm）

样品号	TSW1-1	TSW1-2	TSW1-3	TSW1-4	TSW2-1	NJS1-2	NJS1-3
La	5.14	1.61	1	2.66	2.09	1.47	1.94
Ce	13.5	3.61	2.15	6.61	3.92	2.95	4.14
Pr	1.89	0.57	0.41	0.92	0.48	0.33	0.64
Nd	8.39	3.12	1.54	4.53	2.00	1.58	3.18
Sm	2.81	1.12	0.69	1.80	0.31	0.18	1.01
Eu	0.87	0.36	0.28	0.70	0.13	0.09	0.96
Gd	3.39	1.82	0.79	2.64	0.37	0.47	1.48
Tb	0.78	0.42	0.23	0.57	0.07	0.08	0.34
Dy	5.44	2.87	1.60	3.76	0.4	0.46	2.51
Ho	1.11	0.56	0.37	0.82	0.06	0.09	0.50
Er	3.97	1.84	1.12	2.68	0.24	0.17	1.72
Tm	0.56	0.34	0.20	0.37	0.04	0.04	0.29
Yb	3.75	2.08	0.97	2.76	0.17	0.23	1.80
Lu	0.54	0.31	0.18	0.37	0.04	0.04	0.25

（据任光明等，2017）

附录 41　实习库 41 号

稀土元素分析实习数据

表 1　青茶馆–元宝山花岗斑岩稀土元素分析结果（单位：ppm）

样品号	GS0006-8	GS0006-13	GS9029-1
La	19.06	28.07	33.76
Ce	36.32	47.38	59.98
Pr	3.95	5.02	6.35
Nd	13.17	16.83	21.25
Sm	2.45	2.64	3.25
Eu	0.14	0.42	0.41
Gd	1.71	2.02	2.42
Tb	0.36	0.38	0.36
Dy	1.77	1.91	1.89
Ho	0.39	0.36	0.4
Er	1.18	1.05	1.16
Tm	0.21	0.18	0.2
Yb	1.3	1.12	1.2
Lu	0.21	0.18	0.19

（据高峰等，2017）

附录 42　实习库 42 号

稀土元素分析实习数据

表 1　城口明中稀土元素测试分析结果（单位：ppm）

样品号	K3-6D	CK3-7D	CK3-9D	CK3-13D	CK3-14D	CK3-15D	CK3-16D	CK3-17D	CK3-18D	CK3-22D	CK3-25D
La	15.65	24.27	15.75	21.00	26.09	26.46	30.83	21.74	25.12	39.65	42.27
Ce	32.16	43.94	22.47	37.12	47.11	48.39	57.81	40.88	46.96	73.00	74.87
Pr	3.81	5.84	3.45	5.12	5.99	5.83	6.98	5.16	5.94	9.13	9.13
Nd	15.02	23.1	12.85	20.48	22.76	22.26	26.42	20.34	23.18	34.00	33.65
Sm	3.15	4.91	2.38	3.97	4.08	4.18	4.86	4.09	4.58	6.37	6.04
Eu	0.62	0.98	0.44	0.82	0.85	0.84	0.93	0.90	0.94	1.31	1.08
Gd	3.14	5.01	2.12	4.29	4.16	3.88	4.55	4.23	4.50	5.78	5.01
Tb	0.45	0.74	0.29	0.63	0.64	0.60	0.68	0.58	0.67	0.86	0.74
Dy	2.59	4.28	1.67	3.80	3.84	3.50	4.12	3.37	3.93	5.06	4.38
Ho	0.5	0.85	0.35	0.77	0.81	0.70	0.84	0.67	0.79	1.02	0.87
Er	1.39	2.42	0.98	2.20	2.27	2.01	2.44	1.91	2.20	2.93	2.52
Tm	0.19	0.35	0.15	0.31	0.33	0.29	0.35	0.27	0.31	0.43	0.38
Yb	1.24	2.21	1.02	1.88	2.13	1.88	2.29	1.74	1.94	2.79	2.52
Lu	0.18	0.33	0.15	0.27	0.31	0.27	0.33	0.26	0.29	0.41	0.37
Y	13.97	24.47	10.07	28.57	27.8	21.77	25.49	21.14	24.78	30.26	24.29

（据肖斌等，2017）

附录43 实习库43号

稀土元素分析实习数据

表1 Oyotún组火山岩稀土元素分析结果（单位：ppm）

样品号	YH3141	YH3144	YH4105	YH2313	YH6302	YH6104
La	53.20	36.80	34.20	15.80	25.80	53.20
Ce	64.90	60.10	69.90	39.00	56.80	64.90
Pr	9.52	4.40	6.20	3.00	5.42	9.52
Nd	35.80	14.40	24.60	11.40	23.00	35.80
Sm	6.83	2.44	5.40	2.40	5.86	6.83
Eu	1.22	0.63	1.20	0.78	1.35	1.22
Gd	5.15	2.15	4.40	2.20	4.89	5.15
Tb	0.85	0.33	0.80	0.44	1.00	0.85
Dy	4.80	1.72	4.50	2.70	5.90	4.80
Ho	1.08	0.36	0.92	0.50	1.21	1.08
Er	3.37	1.10	2.60	1.20	3.39	3.37
Tm	0.61	0.20	0.41	0.19	0.55	0.61
Yb	4.17	1.39	2.60	1.40	3.49	4.17
Lu	0.65	0.23	0.38	0.18	0.49	0.65

（据段政等，2017）

附录44　实习库44号

稀土元素分析实习数据

表 1　银额盆地及邻区二叠系硅质岩稀土元素分析结果（单位：ppm）

样品号	CH1	CH2	CH4	CH5	CH6	H1	H2	CH1	CH2	CH3	CH4	CH5	CH6
La	16.0	14.7	28.2	15.4	12.2	15.7	14.7	14.3	12.1	19.0	13.2	6.6	13.2
Ce	32.2	31.2	63.2	31.4	24.2	32.5	30.1	29.2	26.6	38.8	30.1	35.1	29.2
Pr	3.72	3.76	7.59	3.77	2.90	4.05	3.70	3.87	3.54	4.81	4.03	4.69	3.86
Nd	14.0	13.4	27.8	14.9	10.9	15.8	14.3	15.8	14.0	18.5	17.6	20.1	16.0
Sm	2.95	2.54	5.87	2.91	2.18	3.41	3.10	3.75	3.27	4.00	4.82	5.00	4.09
Eu	0.51	0.41	1.14	0.55	0.46	0.72	0.64	0.77	0.56	0.54	0.90	0.86	0.94
Gd	2.72	2.39	5.74	2.61	1.90	3.02	2.75	3.71	3.08	3.96	4.93	5.31	4.26
Tb	0.39	0.36	0.89	0.38	0.28	0.45	0.42	0.57	0.48	0.62	0.78	0.84	0.65
Dy	2.20	2.12	5.38	2.09	1.56	2.65	2.41	3.25	2.74	3.58	4.75	5.02	3.89
Ho	0.43	0.40	1.16	0.41	0.28	0.54	0.49	0.63	0.54	0.74	0.95	1.04	0.77
Er	1.12	1.10	3.25	1.10	0.70	1.49	1.41	1.73	1.47	2.04	2.60	2.97	2.02
Tm	0.16	0.16	0.51	0.16	0.099	0.23	0.21	0.26	0.22	0.30	0.39	0.46	0.28
Yb	1.00	1.00	3.22	1.02	0.58	1.42	1.34	1.66	1.38	2.00	2.49	2.99	1.80
Lu	0.15	0.15	0.50	0.16	0.09	0.22	0.20	0.25	0.21	0.30	0.38	0.44	0.28

（据史冀忠等，2018）

附录45　实习库45号

稀土元素分析实习数据

表1　亚干布阳片麻岩稀土元素分析结果（单位：ppm）

样品号	PM030/20-1	PM030/21-1	PM030/22-1	PM030/23-1	PM030/26-1
La	57.40	35.50	39.40	40.70	43.20
Ce	116.00	72.00	84.70	86.40	85.10
Pr	15.00	7.40	9.35	9.34	11.00
Nd	56.00	27.70	36.60	37.00	41.12
Sm	10.00	4.74	7.26	7.28	7.39
Eu	1.42	0.94	0.96	1.16	1.52
Gd	8.94	5.32	7.44	7.19	6.85
Tb	1.19	0.71	1.02	0.94	0.96
Dy	6.37	5.00	6.73	5.92	5.34
Ho	1.15	0.92	1.18	0.99	1.02
Yb	3.24	3.34	3.32	2.61	3.01
Lu	0.52	0.45	0.45	0.34	0.49
Y	33.40	30.70	36.00	30.40	29.70

（据李琦等，2018）

附录 46 实习库 46 号

稀土元素分析实习数据

表 1 色那铜金矿床侵入岩稀土元素测试结果（单位：ppm）

样品号	DL045	DL046	SN01	SN02	SN03	SN04	SN05	SN06	YSN-01	YSN-02	YSN-03
La	20.50	22.60	21.70	23.70	23.00	20.30	19.70	20.80	15.60	16.40	13.30
Ce	38.70	42.30	44.60	48.00	47.90	42.80	39.60	43.20	38.40	42.30	48.30
Pr	4.39	5.24	5.15	5.59	5.47	5.01	4.78	4.95	3.77	4.16	4.59
Nd	17.40	22.30	20.10	21.70	21.50	19.30	18.70	19.20	15.10	16.50	18.70
Sm	3.45	5.02	4.20	4.42	4.05	3.66	3.72	3.85	2.28	2.64	3.41
Eu	1.11	1.42	1.18	1.23	1.22	1.19	1.13	1.29	0.71	0.81	1.05
Gd	3.14	4.74	4.11	4.27	4.00	3.34	3.40	3.53	2.59	2.77	3.03
Tb	0.59	0.90	0.67	0.70	0.65	0.53	0.55	0.55	0.39	0.45	0.60
Dy	3.91	6.23	4.02	4.14	4.00	3.22	3.36	3.49	2.64	2.82	2.91
Ho	0.85	1.35	0.88	0.90	0.85	0.70	0.72	0.76	0.48	0.54	0.63
Er	2.68	4.24	2.47	2.57	2.51	2.02	2.16	2.18	1.40	1.44	1.43
Tm	0.45	0.72	0.42	0.44	0.41	0.33	0.37	0.36	0.28	0.29	0.35
Yb	3.21	4.90	2.50	2.75	2.58	2.24	2.34	2.21	1.60	1.69	1.47
Lu	0.52	0.77	0.39	0.44	0.42	0.35	0.38	0.37	0.32	0.32	0.36

（据何阳阳等，2019）

附录 47 实习库 47 号

稀土元素分析实习数据

表 1 坝黄磷矿含磷岩系稀土元素组成（单位：ppm）

样品号	BH1-1	BH1-2	BH1-3	BH1-4	BH1-5	BH1-6	BH1-7	BH1-8	BH1-9	BH1-10
La	36.90	65.10	228.00	43.50	50.20	208.00	229.00	164.00	46.40	49.20
Ce	67.90	107.00	136.00	35.00	82.30	139.00	146.50	161.50	77.90	65.90
Pr	7.84	13.70	49.30	9.92	10.55	48.30	53.10	34.10	8.86	7.67
Nd	26.60	52.40	226.00	46.40	44.10	216.00	236.00	142.50	32.50	22.30
Sm	4.15	11.10	46.90	10.55	11.70	45.70	49.50	29.80	7.53	3.43
Eu	0.78	2.39	12.45	2.77	3.16	12.45	14.30	8.03	1.77	0.81
Gd	3.65	12.85	92.00	17.10	11.20	81.70	91.30	51.90	7.45	3.45
Tb	0.59	1.63	10.60	1.92	1.60	9.42	10.55	6.04	1.15	0.62
Ho	0.86	2.19	18.85	2.89	1.93	16.15	17.50	10.35	1.48	0.95
Er	2.69	6.02	50.90	7.45	5.35	43.40	46.10	26.20	4.12	2.80
Tm	0.41	0.88	6.75	0.98	0.80	5.77	6.08	3.41	0.59	0.44
Yb	2.77	5.43	40.20	6.20	5.10	34.30	36.00	19.00	3.74	2.82
Lu	0.45	0.83	6.12	0.92	0.79	5.12	5.12	2.63	0.59	0.46
Y	31.10	69.40	834.00	111.50	71.70	669.00	685.00	509.00	51.10	33.10

（据杨旭等，2018）

附录 48　实习库 48 号

稀土元素分析实习数据

表 1　黑色页岩稀土元素测试结果及有关参数计算（单位：ppm）

样品号	La	Ce	Pr	Nd	Sm	Eu	Gd	Tb	Dy	Ho	Er	Tm	Yb	Lu	Y
MH-A	47.6	74.5	8.08	26.0	3.35	0.60	2.20	0.39	3.07	0.76	2.42	0.40	2.71	0.40	22.8
MH-B	34.1	65.5	7.84	30.0	6.04	1.18	5.50	0.86	5.44	1.11	3.03	0.46	3.00	0.41	29.7
YH-1	36.9	69.9	8.35	31.8	5.64	1.03	4.87	0.79	5.03	1.07	3.04	0.47	2.97	0.46	31.2
YH-2	38.7	72.5	9.02	35.7	7.54	1.44	6.67	1.05	6.24	1.29	3.58	0.55	3.22	0.49	36.9
DH-2	42.6	79.0	9.36	33.0	5.35	1.04	4.28	0.74	4.87	1.06	3.12	0.50	3.18	0.46	29.9
DZH-1	39.7	59.6	6.57	20.5	2.57	0.47	1.47	0.28	1.76	0.45	1.05	0.27	1.95	0.30	13.0
YZF	41.1	69.0	7.42	22.8	2.13	0.46	1.39	0.28	2.34	0.56	1.98	0.35	2.46	0.42	17.2
FG-1	29.4	54.8	6.53	25.0	4.96	0.87	4.32	0.70	4.12	0.87	2.68	0.40	2.86	0.41	26.0
FG-2	29.0	55.6	6.56	27.0	5.30	0.90	5.30	0.83	4.80	1.04	3.15	0.46	3.07	0.48	35.5
FG-3	29.5	45.4	6.44	25.8	5.01	0.95	5.70	0.85	5.40	1.24	3.33	0.51	3.15	0.46	46.0
FG-4	31.5	55.5	6.85	27.9	5.51	0.89	5.64	0.81	4.96	1.05	2.99	0.44	2.87	0.43	34.5
FG-5	23.7	34.9	5.47	22.6	4.38	0.78	4.83	0.70	4.39	0.95	2.76	0.42	0.75	0.36	37.4
FG-6	23.2	17.6	4.34	16.4	2.51	0.51	3.03	0.48	3.53	0.92	2.79	0.40	2.57	0.38	36.5
TM-1	33.9	64.2	7.35	28.1	5.56	0.99	4.93	0.73	4.52	0.92	2.49	0.38	2.53	0.38	25.5
TM-2	29.8	54.9	6.52	26.1	4.98	0.90	4.58	0.73	4.37	0.90	2.64	0.42	2.87	0.43	29.0
TM-3	16.6	31.2	3.51	14.2	2.96	0.51	3.00	0.47	2.87	0.69	1.96	0.27	1.75	0.30	25.1
TM-4	28.4	36.1	4.83	20.7	4.08	0.70	4.61	0.73	4.80	1.12	3.44	0.45	2.65	0.37	51.6
TM-5	15.8	27.0	3.41	13.5	2.73	0.42	2.72	0.42	2.47	0.57	1.67	0.22	1.49	0.22	20.4
TM-6	33.7	62.6	7.33	28.1	3.91	0.44	2.88	0.44	2.69	0.66	1.86	0.32	2.29	0.36	20.3
TM-7	26.2	33.1	5.62	22.9	4.11	0.68	4.65	0.75	4.95	1.17	3.61	0.52	3.62	0.54	43.6

（据张玉松等，2019）

附录 49　实习库 49 号

稀土元素分析实习数据

表 1　河东煤田北部 8 号、13 号煤中稀土元素含量（单位：ppm）

样品号	QY5	QY8	QY9	QY10-1	QY11-1	QY2	QY7	QY10-2	QY11-2	QY13
La	36.49	13.28	29.07	43.13	26.67	39.73	17.35	40.27	57.72	22.44
Ce	62.14	28.68	54.35	83.81	54.15	66.14	29.82	85.41	93.64	41.01
Pr	6.33	3.05	5.88	8.97	5.97	6.03	3.13	8.88	8.78	4.40
Nd	20.58	11.12	20.36	30.43	20.97	17.80	11.31	31.72	23.97	14.84
Sm	3.68	2.63	3.45	5.50	4.11	2.84	2.29	5.88	3.93	2.99
Eu	0.59	0.34	0.51	0.75	0.58	0.41	0.37	1.18	0.65	0.51
Gd	3.38	2.56	2.85	5.23	3.39	2.68	2.11	5.26	3.54	2.74
Tb	0.60	0.50	0.48	0.82	0.58	0.51	0.39	0.82	0.63	0.44
Dy	3.29	3.02	2.24	5.15	3.25	2.85	2.16	4.91	3.63	2.52
Ho	0.71	0.65	0.44	1.00	0.73	0.64	0.48	0.92	0.81	0.54
Er	1.99	1.80	1.22	2.92	1.97	1.76	1.29	2.67	2.22	1.50
Tm	0.31	0.30	0.18	0.49	0.31	0.28	0.20	0.43	0.34	0.24
Yb	1.91	1.83	1.13	3.07	2.11	1.69	1.27	2.76	2.33	1.44
Lu	0.27	0.27	0.16	0.34	0.31	0.25	0.19	0.39	0.33	0.22

（据林龙斌，2018）

附录 50 实习库 50 号

稀土元素分析实习数据

表 1 疏勒南山地区侵入岩岩石稀土元素分析结果及参数特征表（单位：ppm）

样品号	IGs2003	IGs0714	IGsC3097-1	IPm103Gs65-1	IGs0813
La	21.7	23.7	33.5	22.8	29.2
Ce	36.5	45.5	56.8	46.3	63.5
Pr	3.98	5.72	6.59	5.95	8.24
Nd	13.7	22.1	22.80	22.91	31.9
Sm	2.65	4.38	3.79	4.44	5.98
Eu	0.76	1.09	0.83	1.15	1.41
Gd	2.47	4.08	3.45	4.0	5.22
Tb	0.42	0.7	0.53	0.63	0.91
Dy	2.39	3.82	2.75	3.87	4.8
Ho	0.52	0.8	0.56	0.77	0.96
Er	1.52	2.3	1.59	2.15	2.83
Tm	0.25	0.35	0.24	0.34	0.44
Yb	1.62	2.32	1.69	2.07	2.72
Lu	0.26	0.35	0.26	0.31	0.47

（据于小亮等，2018）

参 考 文 献

[1] 曹亮，段其发，周云. 湖北凹子岗锌矿床 Rb-Sr 同位素测年及其地质意义[J]. 中国地质，2015, 42(01): 235-247.

[2] 曹婷婷，徐思煌，王约. 川东北下寒武统筇竹寺组稀土元素特征及其地质意义——以南江杨坝剖面为例[J]. 石油实验地质，2018, 40(05): 716-723.

[3] 陈道公. 地球化学[M]. 2 版. 合肥：中国科学技术大学出版社，2009.

[4] 陈恒，胡瑞忠，毕献武，等. 赣南 6722 铀矿床方解石 Sm-Nd 等时线年龄及其地质意义[J]. 矿物学报，2012, 32(01): 52-59.

[5] 程海峰，辛后田，梁国庆，等. 内蒙古北山地区黑红山一带斑状花岗闪长岩地球化学特征、LA-ICP-MS 锆石 U-Pb 年龄及其地质意义[J]. 地质通报，2018, 37(10): 1895-1904.

[6] 杜国民，蔡红，梅玉萍. 硫化物矿床中闪锌矿 Rb-Sr 等时线定年方法研究——以湘西新晃打狗洞铅锌矿床为例[J]. 华南地质与矿产，2012, 28(02): 175-180.

[7] 段政，郭维民，曾勇，等. 秘鲁西北部早白垩世 Oyotún 组火山岩层序、年代学及地球化学特征——对古 Farallon 板块俯冲作用细节的揭示[J]. 地质通报，2017, 36(12): 2243-2263.

[8] 高峰，魏俏巧，牟静涛，等. 吉林省大石头镇北部青茶馆-元宝山花岗斑岩锆石 U-Pb 年龄及地球化学特征[J]. 地质通报，2017, 36(11): 2082-2090.

[9] 辜平阳，徐学义，何世平，等. 塔里木盆地东南缘安南坝地区镁铁质麻粒岩的成因——来自地球化学及 Sr-Nd-Pb 同位素的制约[J]. 岩石矿物学杂志，2018, 37(05): 811-823.

[10] 韩以贵，李向辉，张世红，等. 豫西祁雨沟金矿单颗粒和碎裂状黄铁矿 Rb-Sr 等时线定年[J]. 科学通报，2007, (11): 1307-1311.

[11] 韩吟文，等. 地球化学[M]. 北京：地质出版社，2003.

[12] Hugh R. Rollison. 岩石地球化学[M]. 杨学明，等译. 合肥：中国科学技术大学出版社，2000.

[13] 何阳阳，温春齐，刘显凡. 西藏色那铜金矿床侵入岩元素地球化学特征研究[J]. 新疆大学学报（自然科学版），2019, 36(01): 98-105.

[14] 胡文洁，田世洪，王素平，等. 四川牦牛坪稀土矿床碳酸岩 Sm-Nd 等时线年龄及其地质意义[J]. 矿

产与地质，2012, 26(03): 237-241.

[15] 黄建国，李虎杰，李文杰，董磊. 贵州戈塘金矿萤石微量元素特征及钐—钕测年[J]. 地球科学进展，2012, 27(10): 1087-1093.

[16] 黄文龙，许继峰，陈建林，等. 滇东南个旧白云山碱性岩年代学和地球化学及成因意义[J]. 岩石矿物学杂志，2018, 37(05): 716-732.

[17] 贾大成，胡瑞忠，卢焱，谢桂青，丘学林. 湘东北钠质煌斑岩地幔源区特征及成岩构造环境[J]. 中国科学（D辑：地球科学），2003, (04): 344-352.

[18] 康月蓝，石玉若. 北京云蒙山地区侵入岩体 SHRIMP 锆石 U-Pb 年龄、地球化学特征及其地质意义[J]. 岩石矿物学杂志，2018, 37(03): 379-394.

[19] 李光来，华仁民，韦星林，等. 江西中部徐山钨铜矿床单颗粒白云母 Rb-Sr 等时线定年及其地质意义[J]. 地球科学（中国地质大学学报），2011, 36(02): 282-288.

[20] 李航，王明，解超明，等. 西藏冈底斯带阿索构造混杂岩南侧亚布努马花岗斑岩地球化学特征及锆石 U-Pb 年龄[J]. 地质通报，2018, 37(08): 1510-1518.

[21] 李静，陈志，陆丽娜，等. 夏垫活动断裂 CO_2、Rn、Hg 脱气对环境的影响[J]. 矿物岩石地球化学通报，2018, 37(4): 629-638.

[22] 李静，周晓成，石宏宇，等. 首都圈西北部主要活动断裂 CO_2、Rn、Hg 脱气对环境的影响[J]. 环境化学，2018, 37(5): 22-32.

[23] 李名则，秦宇龙，李峥，等. 川西甲基卡二云母花岗岩与伟晶岩脉地球化学特征及其地质意义[J]. 岩石矿物学杂志，2018, 37(03): 366-378.

[24] 李琦，曾忠诚，陈宁，等. 阿尔金造山带青白口纪亚干布阳片麻岩年龄、地球化学特征及其地质意义[J]. 地质通报，2018, 37(04): 642-654.

[25] 李瑞保，裴先治，李佐臣，等. 东昆仑东段古特提斯洋俯冲作用——乌妥花岗岩体锆石 U-Pb 年代学和地球化学证据[J]. 岩石学报，2018, 34(11): 3399-3421.

[26] 李铁刚，武广，刘军，等. 大兴安岭北部甲乌拉铅锌银矿床 Rb-Sr 同位素测年及其地质意义[J]. 岩石学报，2014, 30(01): 257-270.

[27] 林龙斌. 河东煤田北部主采煤中稀土元素地球化学特征[J]. 中国煤炭地质，2018, 30(11): 18-23.

[28] 刘大锐，高桂梅，池君洲，等. 准格尔煤田黑岱沟露天矿煤中稀土及微量元素的分配规律[J]. 地质学报，2018, 92(11): 2368-2375.

[29] 刘军，李铁刚，段超. 吉林省八家子大型金矿床 Rb-Sr 同位素测年及同位素地球化学特征[J]. 地

质学报，2018, 92(07): 1432-1446.

[30] 刘晓文，李泽琴，王奖臻，黄从俊. 扬子西南缘拉拉 IOCG 矿床辉钼矿稀土元素地球化学特征[J]. 地球化学，2018, 47(03): 288-294.

[31] 陆丽娜，范宏瑞，胡芳芳，等. 胶西北新城金矿成矿流体与矿床成因[J]. 矿床地质，2011, 30(3): 522-532.

[32] 陆丽娜. 胶西北地区中生代花岗岩成岩成矿研究[D]. 北京：中国科学院地质与地球物理研究所，2011, 1-179.

[33] 陆丽娜，李静，杨明. 辽西钓鱼台杂岩体地球化学特征研究[J]. 矿物岩石地球化学通报，2017, 36(S1): 172.

[34] 陆丽娜，杨明，李静，等. 土壤气汞探测在夏垫断裂带的应用研究[J]. 地质与勘探，2018, 54(1): 112-120.

[35] 罗镇宽，苗来成. 胶东招莱地区花岗岩和金矿床[M]. 北京：冶金工业出版社，2002.

[36] 任光明，庞维华，潘桂棠，等. 扬子陆块西缘中元古代菜子园蛇绿混杂岩的厘定及其地质意义[J]. 地质通报，2017, 36(11): 2061-2075.

[37] 史冀忠，卢进才，魏建设，等. 银额盆地及邻区二叠系硅质岩岩石学、地球化学特征及沉积环境[J]. 地质通报，2018, 37(01): 120-131.

[38] 孙柏东，王晓林，黄亮，等. 保山地块漕涧复式岩体晚白垩世花岗岩地球化学特征及锆石 U-Pb 年代学意义[J]. 地质通报，2018, 37(11): 2099-2111.

[39] 孙敬博，张立明，陈文，等. 东天山红石金矿床石英 Rb-Sr 同位素定年[J].地质论评，2013, 59(02): 382-388.

[40] 汤中立，杨杰东，徐士进，等. 金川含矿超铁镁岩的 Sm-Nd 定年[J]. 科学通报，1992, (10): 918-920.

[41] 汪洋，李家振，孙善平，邓晋福. 北京西山髫髻山组火山岩 Sm-Nd 等时线年龄初步研究[J]. 北京地质，2001, (03): 18-20, 17.

[42] 王建，陈风河，刘海龙，等. 承德矿集区姑子沟银多金属矿床 Rb-Sr 等时线年龄约束[J]. 矿床地质，2014, 33(S1): 271-272.

[43] 王晓地，汪雄武，孙传敏. 甘肃后长川钨矿白钨矿 Sm-Nd 定年及稀土元素地球化学[J].矿物岩石，2010, 30(01): 64-68.

[44] 王义天，刘协鲁，胡乔青，等. 陕西凤太矿集区柴蚂金矿床脉状闪锌矿 Rb-Sr 同位素测年及意义[J]. 西北地质，2018, 51(03): 121-132.

[45] 王云峰, 杨红梅, 张利国, 等. 湘东南铜山岭铅锌多金属矿床成矿时代与成矿物质来源——Sm-Nd 等时线年龄和 Pb 同位素证据[J]. 地质通报, 2017, 36(05): 875-884.

[46] 肖斌, 刘树根, 冉波, 等. 渝东北地区页岩的稀土元素地球化学特征[J]. 煤炭学报, 2017, 42(11): 2936-2944.

[47] 杨旭, 谢宏, 王志罡, 周忠容. 铜仁坝黄磷矿稀土元素地球化学特征及其指示意义[J]. 中国稀土学报, 2018, 36(06): 760-768.

[48] 于小亮, 蔡成龙, 魏小林, 等. 南祁连疏勒南山地区中奥陶世侵入岩锆石 U-Pb 年龄、地球化学特征及其地质意义[J]. 矿产勘查, 2018, 9(11): 2049-2058.

[49] 于玉帅, 刘阿睢, 戴平云, 等. 贵州铜仁塘边铅锌矿床成矿时代和成矿物质来源——来自 Rb-Sr 同位素测年和 S-Pb 同位素的证据[J]. 地质通报, 2017, 36(05): 885-892.

[50] 张坤, 季宏兵, 褚华硕, 等. 黔西南喀斯特地区红色风化壳的物源及元素迁移特征[J]. 地球与环境, 2018, 46(03): 257-266.

[51] 张利国, 段桂玲, 杨红梅, 等. 玄武岩分相 Sm-Nd 内部等时线定年方法流程[J]. 岩矿测试, 2014, 33(05): 640-648.

[52] 张瑞斌, 刘建明, 叶杰, 陈福坤. 河北寿王坟铜矿黄铜矿铷锶同位素年龄测量及其成矿意义[J]. 岩石学报, 2008, 24(06): 1353-1358.

[53] 张世涛, 陈华勇, 韩金生, 等. 鄂东南铜绿山大型铜铁金矿床成矿岩体年代学、地球化学特征及成矿意义[J]. 地球化学, 2018, 47(03): 240-256.

[54] 张玉松, 张杰, 毛瑞勇. 贵州下寒武统黑色页岩稀土元素组成及示踪特征研究[J]. 稀土, 2019, 40(03): 7-19.

[55] 张振海, 张景鑫, 叶素芝. 胶东招-掖金矿带金矿化蚀变带 Rb-Sr 等时线的研究及测量[J]. 贵金属地质, 1993, (01): 26-34.

[56] 赵冰爽, 李杰, 龙晓平, 袁超. 东天山梅岭铜矿床黄铁矿 Re-Os 等时线年龄: Os 同位素不均一的结果[J]. 地球科学, 2018, 43(09): 2966-2979.

[57] 赵宏刚, 苏锐, 梁积伟, 等. 东天山觉罗塔格雅满苏花岗岩岩石学、地球化学特征及其板内构造意义[J]. 地质学报, 2018, 92(09): 1780-1802.

[58] 赵晓燕, 杨竹森, 刘英超, 裴英茹. 西藏邦铺斑岩矽卡岩矿床二长花岗斑岩 Sr-Nd-Pb-Hf 同位素及闪锌矿黄铁矿 Rb-Sr 等时线年龄研究[J]. 地质学报, 2015, 89(03): 522-533.

[59] 周汉文, 钟国楼, 钟增球, 等. 豫西小秦岭地区太华杂岩中花岗质片麻岩的元素地球化学及其构

造意义[J]. 地球科学：中国地质大学学报，1998, 23(6): 10-13.

[60] CHENG H, KING L R, NAKAMURA E, et al. Transitional time of oceanic to continental subduction in the Dabie orogen: Constraints from U-Pb, Lu-Hf, Sm-Nd and Ar-Ar multichronometric dating[J]. Lithos, 2009, 110(1-4): 327-342.

[61] LI J, DU J, CHANG Q, et al. REE concentrations of garnet and omphacite in eclogites from the Dabie Mountain, central China[J]. Chinese Journal of Geochemistry, 2013, 32(1): 85-94.

[62] LU L, LI J, YANG M, et al. Geochemistry Characteristics of the Diaoyutai Complexes in Liaoning, eastern North China Craton[J]. Acta Geologica Sinica (English Edition), 2017, 91(S1): 164-165.

[63] YANG K F, FAN H R, SANTOSH M, et al. Reactivation of the Archean lower crust: Implications for zircon geochronology, elemental and Sr-Nd-Hf isotopic geochemistry of late Mesozoic granitoids from northwestern Jiaodong Terrane, the North China Craton[J]. Lithos, 2012, 146-147(8): 112-127.